Hans-Georg Lauffs

**BEDIENGERÄTE ZUR
3D-BEWEGUNGSFÜHRUNG**

Fortschritte der Robotik

Herausgegeben von Walter Ameling und Manfred Weck

Band 1
Hermann Henrichfreise
Aktive Schwingungsdämpfung an einem elastischen Knickarmroboter

Band 2
Winfried Rehr (Hrsg.)
Automatisierung mit Industrierobotern

Band 3
Peter Rojek
Bahnführung eines Industrieroboters mit Multiprozessoren

Band 4
Jürgen Olomski
Bahnplanung und Bahnführung von Industrierobotern

Band 5
George Holling
Fehlerabschätzung von Robotersystemen

Band 6
Nikolaus Schneider
Kantenhervorhebung und Kantenverfolgung in der industriellen Bildverarbeitung

Band 7
Ralph Föhr
Photogrammetrische Erfassung räumlicher Informationen aus Videobildern

Band 8
Bernhard Bundschuh
Laseroptische 3D-Konturerfassung

Band 9
Hans-Georg Lauffs
Bediengeräte zur 3D-Bewegungsführung

Vieweg

Fortschritte der Robotik 9

Hans-Georg Lauffs

BEDIENGERÄTE ZUR 3D-BEWEGUNGSFÜHRUNG

Ein Beitrag zur effizienten Roboterprogrammierung

Die Deutsche Bibliothek – CIP-Einheitsaufnahme

Lauffs, Hans-Georg:
Bediengeräte zur 3D-Bewegungsführung: ein Beitrag
zur effizienten Roboterprogrammierung / Hans-Georg Lauffs. –
Braunschweig: Vieweg, 1991
  (Fortschritte der Robotik; 9)
  ISBN 3-528-06439-0
NE: GT

D82 (Diss. T.H. Aachen)

Fortschritte der Robotik

Exposés oder Manuskripte zu dieser Reihe werden zur Beratung erbeten an:
Prof. Dr.-Ing. Walter Ameling, Rogowski-Institut für Elektrotechnik der RWTH Aachen, Schinkelstr. 2, D-5100 Aachen
oder
Prof. Dr.-Ing. Manfred Weck, Laboratorium für Werkzeugmaschinen und Betriebslehre der RWTH Aachen, Steinbachstr. 53, D-5100 Aachen oder an den
Verlag Vieweg, Postfach 58 29, D-6200 Wiesbaden.

Der Verlag Vieweg ist ein Unternehmen der Verlagsgruppe Bertelsmann International.

Alle Rechte vorbehalten
© Friedr. Vieweg & Sohn Verlagsgesellschaft mbH, Braunschweig 1991

Das Werk einschließlich aller seiner Teile ist urheberrechtlich geschützt. Jede Verwertung außerhalb der engen Grenzen des Urheberrechtsgesetzes ist ohne Zustimmung des Verlages unzulässig und strafbar. Das gilt insbesondere für Vervielfältigungen, Übersetzungen, Mikroverfilmungen und die Einspeicherung und Verarbeitung in elektronischen Systemen.

Umschlaggestaltung: Wolfgang Nieger, Wiesbaden
Gedruckt auf säurefreiem Papier
Druck und buchbinderische Verarbeitung: Lengericher Handelsdruckerei, Lengerich
Printed in Germany

ISBN 3-528-06439-0

Vorwort

Die vorliegende Arbeit entstand während meiner Tätigkeit als wissenschaftlicher Mitarbeiter am Laboratorium für Werkzeugmaschinen und Betriebslehre der Rheinisch-Westfälischen Technischen Hochschule Aachen.

Herrn Professor Dr.-Ing. M. Weck, dem Leiter des Lehrstuhls für Werkzeugmaschinen, danke ich für seine vielfältigen Anregungen, seine Unterstützung und großzügige Förderung, die die Ausführung dieser Arbeit ermöglichten.

Weiterhin danke ich Herrn Professor Dr.-Ing. P. Drews für die eingehende Durchsicht der Arbeit sowie die Übernahme des Korreferats.

Darüber hinaus möchte ich mich bei allen herzlich bedanken, die mich durch ihre Hilfsbereitschaft bei der Durchführung und Durchsicht der Arbeit unterstützt haben. Dieser Dank gilt besonders den Herren Dr.-Ing. F. Weiß, Dr.-Ing H. Schönbohm und Dipl.-Ing. W. Fischer.

Hans-Georg Lauffs

Inhaltsverzeichnis   Seite

Formelzeichen   III

1. Einleitung   1

2. Industrierobotersysteme   4
   2.1 Bauformen, Arbeitsräume und Kinematik   4
   2.2 Steuerungen   7
       2.2.1 Koordinatentransformation   8
       2.2.2 Bewegungssteuerung   11
       2.2.3 Sensoreingriff   12
   2.3 Programmierverfahren   13
       2.3.1 Prozeßnahe Programmierung   14
       2.3.2 Prozeßferne Programmierung   17
       2.3.3 Hybride Programmierung   18

3. Zielsetzung und Aufgabenstellung   19

4. Bedienelemente zur Bewegungsprogrammierung   21
   4.1 Klassifizierung manueller Bedienelemente   22
   4.2 Genauigkeitsanforderungen an Bedienelemente   24
   4.3 Bedienelemente-Bauarten   26
       4.3.1 3-D-Steuerknüppel   26
       4.3.2 Kraft-Momenten-Sensoren   27

5. Bewegungsführung mit Kraftvorgabe   31
   5.1 Kraftgegenkopplung   31
   5.2 Kraftrückführung auf das Bedienelement   35

6. Mobile Bediengeräte zur Bewegungsführung   38
   6.1 Verfahren zur berührungslosen Orientierungserfassung   39
       6.1.1 Kreiselsysteme   40
       6.1.2 Erdmagnetfeld   42
           6.1.2.1 Ausbreitung   42
           6.1.2.2 Berechnung und Messung   43
           6.1.2.3 Störeinflüsse und Kompensationsmaßnahmen   51

6.1.3 Induktive Verfahren	54
6.1.3.1 Aufbau eines magnetischen Wechselfeldes	55
6.1.3.2 Messung	58
6.1.3.3 Störeinflüsse	63
6.1.4 Auswahl eines Verfahrens zur Orientierungserfassung	64
6.2 Realisierung eines mobilen Roboter-Bediengerätes mit orientierungsneutralem Sensor zur Bewegungsführung	65
6.3 Anschluß des Bediengerätes an die Robotersteuerung	68
6.4 Einsatzerfahrungen	70
7. Programmierzeiger zur dreidimensionalen Bewegungsführung	**72**
7.1 Bedienung	73
7.2 Aufbau, Funktionsprinzip, Sensorik	75
7.2.1 Beschleunigungsaufnehmer	77
7.2.2 3-D-Magnetometer	79
7.3 Algorithmen	81
7.3.1 Koordinatentransformation	82
7.3.1.1 Referenzrichtung	82
7.3.1.2 Positioniermodus	84
7.3.1.3 Orientiermodus	84
7.3.2 Autoraster	87
7.4 Einsatzerfahrungen	88
7.5 Weiterentwicklung	90
7.5.1 Erweiterung des Funktionsumfangs	90
7.5.2 Neue Sensorentwicklungen	93
7.5.2.1 Beschleunigungsaufnehmer in Silizium-Technologie	93
7.5.2.2 Neue Bauformen von Magnetometern	95
8. Ausblick	**98**
9. Zusammenfassung	**105**
10. Literaturverzeichnis	**107**

Formelzeichen

Koordinatensysteme

X, Y, Z	raumfeste kartesische Koordinatenachsen
A, B, C	Drehungen um die Z-, Y-, X-Achse
x, y, z	kartesischen Werkzeugkoordinatenachsen
a, b, c	Drehungen um die z-, y-, x-Achse
1, 2, 3	kartesische Achsen eines bewegten Systems (längs, quer, hoch)
Φ, Θ, Ψ	Drehungen um die 1., 2., 3. Achse (rollen, nicken, gieren)
$\alpha 1 \dots \alpha 6$	roboterspezifische Koordinaten, Gelenkstellungen

Vektoren

$\vec{a}$	Beschleunigung
$\vec{B}, \vec{H}$	magnetische Flußdichte, magnetische Feldstärke
$\vec{F}$	Kraft
$\vec{G}$	Gravitationsvektor $\lvert\vec{G}\rvert = g \approx 9{,}81\,\mathrm{m/s^2}$
$\vec{L}$	Drehimpuls
$\vec{M}$	Moment
$\vec{N}$	Einheitsvektor in geographischer Nord-Richtung
$\vec{N}, \vec{O}$	Einheitsvektoren in magnetischer Nord- und Ost-Richtung
$\vec{r}$	Radiusvektor
$\vec{s}$	Weg
$\vec{v}, \vec{\omega}$	Geschwindigkeit, Winkelgeschwindigkeit
$\vec{X}, \vec{Y}, \vec{Z}$	Einheitsvektoren in X-, Y-, Z-Richtung

Skalare

A	Querschnittsfläche
$A_{(f)}$	Amplitudenfrequenzgang
C	Kapazität
D	mechanische Dämpfung
d	Dicke

d	Deklinationswinkel
i	Inklinationswinkel
I, i(t), $\underline{i}$	Gleichstrom, Wechselstrom, komplexer Wechselstrom
J	Massenträgheitsmoment
k	Konstante
L	Induktivität
n	Windungszahl
p	Druck
Q	Güte (Kreisgüte, Polgüte)
f	Frequenz
R	Widerstand
t	Zeit
U, u(t), $\underline{u}$	Gleichspannung, Wechselspannung, komplexe Wechselspannung
α	Winkel
δ	Deviationswinkel
λ	Wellenlänge
μ	magnetische Permeabilität
μ_0	Permeabilitätskonstante
μ_r	Permeabilitätszahl
φ	Phasenwinkel
$\Delta\varphi$	Phasenverschiebung
ψ	Drehwinkel um die Vertikalachse
ω	Kreisfrequenz

Abkürzungen

AVR	<u>A</u>utomatische <u>V</u>erstärkungs-<u>R</u>egelung
DMS	<u>D</u>ehnungs<u>m</u>eß<u>s</u>treifen
LED	<u>L</u>ight <u>E</u>mitting <u>D</u>iode
LVDT	<u>L</u>inear <u>V</u>ariable <u>D</u>ifferential <u>T</u>ransducer
MRS	<u>M</u>agneto <u>R</u>esistiver <u>S</u>ensor
PSD	<u>P</u>osition <u>S</u>ensitive <u>D</u>etector
RCC	<u>R</u>emote <u>C</u>enter <u>C</u>ompliance
SCARA	<u>S</u>elective <u>C</u>ompliance <u>A</u>ssembly <u>R</u>obot <u>A</u>rm
SMD	<u>S</u>urface <u>M</u>ounted <u>D</u>evice
TCP	<u>T</u>ool <u>C</u>enter <u>P</u>oint

1. Einleitung

Bahngesteuerte Handhabungsgeräte, im folgenden Industrieroboter oder Roboter genannt, werden entscheidend das Bild in der Fabrik der Zukunft bestimmen. Erst durch den Einsatz von Robotern wird die flexible Gestaltung der automatisierten Fertigung und Montage möglich, die erforderlich ist, um den immer schnelleren Trendänderungen des Absatzmarktes folgen zu können /1/. Roboter werden dann auch in der Mittel- und Kleinserienfertigung selbstverständlich sein.

Beim Vergleich dieser Prognosen über zukünftige Produktionsanlagen mit der augenblicklichen Realität ist allerdings festzustellen, daß der Industrierobotereinsatz sich in erster Linie auf Großserienanwendungen konzentriert. Die 1987 in der Bundesrepublik Deutschland installierten 13.000 Geräte verteilten sich auf folgende Anwendungsgebiete /2/ :

Werkstückhandhabung	28 %
Punktschweißen	25 %
Bahnschweißen	20 %
Montage	13 %
Beschichten	9 %
Sonstige Anwendungen	5 %

Haupteinsatzgebiet für Roboter ist nach wie vor die Schweißtechnik. Entwicklungen auf diesem Sektor sowie beim robotergestützten Beschichten sind maßgeblich von der Automobilindustrie gefördert worden, die zur Zeit noch der größte Anwender von Industrierobotern ist /3/.

Dem verstärkten Robotereinsatz in der Mittel- und Kleinserienfertigung steht in erster Linie ein in Relation zur Produktionszeit wirtschaftlich nicht vertretbarer Zeitaufwand für die Roboterprogrammierung entgegen. So z.B. wurden bei Untersuchungen des Werkzeugmaschinenlabors der RWTH Aachen an Bahnschweißrobotern Programmierzeiten ermittelt, die das 20 bis 60-fache der Programmablaufzeiten betragen. In den übrigen Anwendungsgebieten ist mit ähnlichen Zahlenwerten zu rechnen; beim Punktschweißen fällt das Verhältnis, bedingt durch die kurze Schweißzeit, noch ungünstiger aus. Zur Verbesserung dieser ungünstigen Relation sind in den letzten Jahren zahlreiche Versuche unternommen worden. Vor allem die Einführung neuer Programmiersprachen zur textuellen Programmierung am Bildschirmarbeitsplatz sollte helfen, den Robotereinsatz auch in der Kleinserienfertigung wirtschaftlich zu machen /4/. Trotz graphischer Bewegungssimulation aber hat sich die Bildschirmprogrammierung, anders als bei numerisch gesteuerten Werkzeugmaschinen, bis heute nicht durchsetzen können. Immer noch werden Roboter fast ausschließlich prozeßnah im Lernverfahren programmiert.

Zur Erfassung der Koordinaten eines Bahnpunktes wird hierbei der Roboter zunächst in eine für den späteren Programmablauf notwendige Stellung geführt. Dann werden die über die Wegmeßsysteme des Roboters ermittelten Koordinaten abgespeichert. Zusätzliche Informationen wie Geschwindigkeit, Beschleunigung und Genauigkeit, mit denen der Punkt angefahren werden soll, werden anschließend zwar textuell, aber meist prozeßnah in die Steuerung eingegeben. Dabei nimmt die Führung des Roboters ca. 80% der gesamten Programmierzeit in Anspruch. Verbesserungen zur Beschleunigung der Programmierung müssen deshalb hier ansetzen.

Auch die prozeßferne Bildschirmprogrammierung ist auf die Vorgabe der Bahnkoordinaten angewiesen. Allerdings lassen sich diese nicht so einfach aus den Abmessungen der Werkstücke ermitteln, wie dies bei numerisch gesteuerten Werkzeugmaschinen üblich ist. Da Roboter im allgemeinen über eine größere Anzahl von Freiheitsgraden verfügen, sind die Bewegungsabläufe schwieriger zu erfassen. Die Berechnung kollisionsfreier Bahnpunkte nach Position und Orientierung der Roboterhand stellt hohe Anforderungen an das räumliche Vorstellungsvermögen eines Programmierers, der an einem Bildschirmarbeitsplatz tätig ist. Selbst wenn exakt vermaßte Arbeitsräume und Vorrichtungen es ermöglichen, ist die Berechnung der Koordinaten wesentlicher zeitaufwendiger als die Vermessung mit Hilfe eines Roboters. Außerdem ist die Positioniergenauigkeit von Robotern traglastabhängig und wesentlich geringer als die Wiederholgenauigkeit /5/, so daß schon aus diesem Grund die Koordinaten vom Roboter selbst vermessen werden müssen. Entscheidend ändern wird sich diese Situation erst, wenn aufgabenorientierte Programmiersprachen über eine leistungsfähige Kopplung zu CAD-Programmen verfügen, die aus vorhandenen Geometriedaten die Bahnkoordinaten berechnet, und wenn außerdem visuelle und taktile Sensoren ungenaue Bahnvorgaben während des Programmablaufs korrigieren. Solange wird die Lernprogrammierung ihre Bedeutung zur Vermessung der Roboterbewegungen behalten. Zur Vermeidung unnötiger Stillstandszeiten allerdings sollte sie sich auf diese Vermessungstätigkeit beschränken. Die Erstellung der Bewegungssätze aus den Bahnpunkten, Geschwindigkeits-, Beschleunigungs- und Genauigkeitsvorgaben, die Aktivierung von Steuerungsfunktionen sowie die Zusammenstellung des endgültigen Programms sollten prozeßfern erfolgen.

Zur Bewegungsführung von Robotern werden immer noch Bediengeräte mit Drucktasten eingesetzt, bei deren Betätigung der Roboter mit einer als Konstante einstellbaren Geschwindigkeit verfährt. In Verbindung mit älteren Steuerungen wirkten diese Verfahrtasten direkt auf die Gelenkachsen, so daß bei Robotern mit kinematisch nicht entkoppelten Achsen (eine Ausnahme bildeten Roboter mit kartesischen Achsen) das exakte Anfahren eines Bahnpunktes einiger Übung bedurfte. Eine wesentliche Bedienungserleichterung und Zeitersparnis brachten Robotersteuerungen mit integrierter Koordinatentransformation, die die Roboterhand in einer kartesichen Achse bewegen, wenn die zugehörige Verfahrtaste betätigt wird. Dabei bleibt die Orientierung der Roboterhand konstant. Entsprechend läßt sich die Hand unter Beibehaltung ihrer Position um drei kartesische Achsen drehen.

Verfahrtasten zur Bewegungsführung fordern das Abstraktionsvermögen des Programmierers, weil dieser sich ständig die Lage des Programmierkoordinatensystems relativ zum Roboter vorstellen muß. Erfahrungsgemäß ist es sehr zeitaufwendig und unergonomisch, mit Hilfe von Verfahrtasten (bis zu zwölf bei einem Sechs-Achsen-Roboter) eine gewünschte Position und Orientierung im Raum anzufahren. Ergonomisch gestaltete, d.h. an den Menschen angepaßte Bedienelemente zur Bewegungsführung müssen Aktionen des Programmierers unkompliziert in Roboterbewegungen umsetzen. Ausgehend vom Aufbau und der Steuerung moderner Industrierobotersysteme beschreiben die folgenden Kapitel Verfahren, Sensoren und die im Rahmen der vorliegenden Arbeit neu entwickelten und praktisch realisierten Bediengeräte, die die Bewegungsführung beschleunigen und so zu einer effizienteren Roboterprogrammierung beitragen sollen.

2. Industrierobotersysteme

Bediengeräte zur Bewegungsführung werden als Bestandteile eines Systems eingesetzt, dessen Funktionsfähigkeit wesentlich von der Abstimmung der einzelnen Baugruppen aufeinander abhängt. Die mit der Bewegungsführung verbundenen Probleme können nicht losgelöst von der Mechanik und der Steuerung eines Roboters betrachtet werden. Deshalb beginnt das vorliegende Kapitel mit einem Überblick über den Aufbau und die Steuerung moderner Industrierobotersysteme.

Technisch und historisch können Industrieroboter auf Telemanipulatoren (zur Handhabung radioaktiven Materials) und numerisch gesteuerte (NC) Werkzeugmaschinen zurückgeführt werden. Die ersten flexibel einsetzbaren Roboter entstanden, als in den 60er Jahren die Mechanik der Teleoperatoren mit den Servoachsen von NC-Maschinen kombiniert wurde. Die dann folgende Entwicklung war im wesentlichen durch die Fortschritte der elektronischen Steuerungstechnik geprägt. Unter dem Begriff Industrieroboter werden heute Manipulatoren verstanden, die mit mindestens drei pogrammierbaren Achsen ausgerüstet und ohne mechanischen Eingriff in die Steuerung zu programmieren sind /2,6/.

2.1 Bauformen, Arbeitsräume und Kinematik

Um sein Werkzeug an einem beliebigen Punkt des Arbeitsraumes zu positionieren, muß ein Roboter sich in mindestens drei Freiheitsgraden bewegen können. Weitere drei sind zur freien räumlichen Orientierung des Werkzeugs erforderlich. Man unterscheidet translatorische und rotatorische Freiheitsgrade. Die meisten sechsachsigen Roboter kombinieren eine Auswahl aus translatorischen und rotatorischen Achsen zur Positionierung mit drei rotatorischen Achsen zur Orientierung. Bestimmend für die Form des Arbeitsraums ist die Auswahl der für die Positionierung zuständigen Hauptachsen. Bei drei Hauptachsen existieren acht mögliche Kombinationen von Translations- (T) und Rotations- (R) Achsen: TTT, TTR, TRT, RTT, RRT, RTR, TRR, RRR. Weitere Varianten entstehen bei wechselweise senkrechter oder paralleler Anordnung der Achsen zueinander /7/. 93% aller Roboter aus dem Typenspektrum nach /2/ lassen sich einer Kinematik nach <u>Bild 2-1</u> zuordnen. Die Stellung der

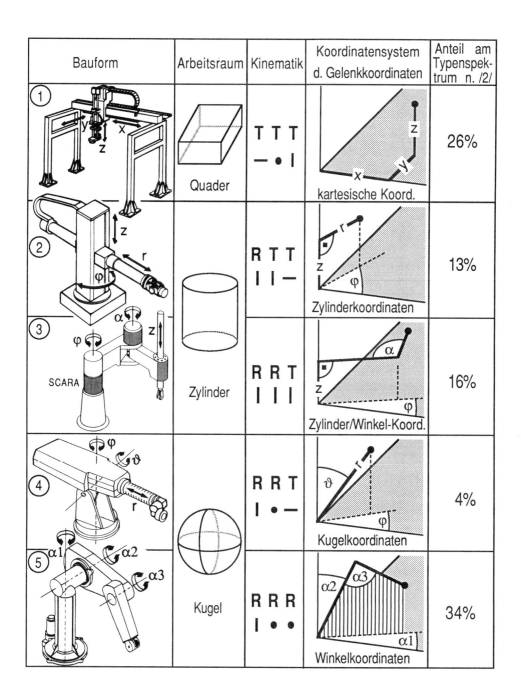

Bild 2-1: Bauformen gebräuchlicher Industrieroboter

Achsen zueinander ist hier durch horizontale und vertikale Striche bzw. Punkte angedeutet.

Der Portalroboter (1) ist die gebräuchlichste Bauform einer Kinematik mit drei translatorischen Freiheitsgraden. Durch den orthogonalen Aufbau der Hauptachsen 1,2,3 können Arbeitspositionen direkt in den kartesischen Koordinaten X,Y,Z des quaderförmigen Arbeitsraums beschrieben werden. Ein zylindrischer Arbeitsraum entsteht bei der Kombination einer rotatorischen mit zwei translatorischen Achsen (2), aber auch aus einer translatorischen und zwei parallelen rotatorischen Achsen (3). Die letztgenannte Kinematik ist charakteristisch für Roboter der sog. SCARA- (Selective Compliance Assembly Robot Arm) Bauform, die sich durch leichte Beweglichkeit in der horizontalen Ebene bei großer vertikaler Steifigkeit auszeichnen und besonders zu Montageaufgaben eingesetzt werden. Kombinationen aus einer translatorischen und zwei nicht parallelen rotatorischen Achsen (4) sowie drei rotatorische Achsen (5) haben kugelförmige Arbeitsräume. Die Kinematik nach (5) hält den größten Anteil am Typenspektrum. Abweichend von der Bauform in Bild 2-1 wird sie zur Verbesserung der Steifigkeit manchmal auch mit einer Parallelogramm-Achsstruktur versehen. Die Angaben der Arbeitsräume sind idealisiert. Infolge begrenzter Schwenkbereiche der Rotationsachsen füllen die Arbeitsräume in der Realität oft nur Teile eines Hohlzylinders bzw. einer Hohkugel.

Zur Beschreibung der Position des Roboterwerkzeugs wird der Werkzeugreferenzpunkt als Arbeitspunkt TCP (Tool Center Point) festgelegt. Für die räumlichen Drehungen des Wekzeugs um diesen Punkt sind die Hand- oder Nebenachsen des Roboters zuständig. Ideal wäre eine Anordnung dreier Gelenke, deren Achsen sich im Arbeitspunkt schneiden (Bild 2-2). In Verbindung mit drei kartesischen Hauptachsen ermöglicht diese Kinematik die voneinander entkoppelte Positionierung und Orientierung des Werkzeugs. Allerdings behindern die weit ausladenden Achsschenkel die Bewegungsfreiheit. Außerdem sind drei Nebenachsen in dieser Form kaum zu realisieren.

Eine realisierbare und häufig eingesetzten Anordnung dreier Nebenachsen, die sog. Zentralhand zeigt Bild 2-3. Die Lage des Arbeitspunktes TCP variiert hier mit der Länge des angeflanschten Werkzeugs. Da der

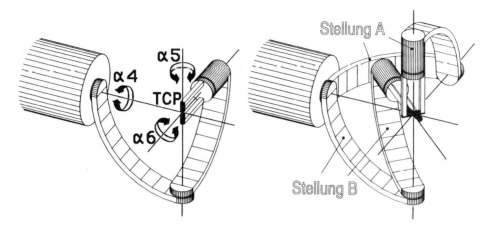

Bild 2-2: Nebenachsen zur Orientierung des Roboterwerkzeugs

Arbeitspunkt auch bei Einsatz kurzer Werkzeuge immer außerhalb des Schnittpunktes der drei Nebenachsen liegt, können Änderungen der Orientierung die Position des Arbeitspunktes beeinflussen. Die Entkopp-

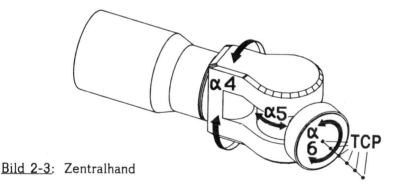

Bild 2-3: Zentralhand

lung der Haupt- und Nebenachsen, die in Verbindung mit rotatorischen Hauptachsen ohnehin nicht gegeben ist, erfolgt bei modernen Robotersystemen steuerungstechnisch. Dabei werden unterschiedliche Werkzeugabmessungen durch Angabe einer Werkzeugkorrektur berücksichtigt.

2.2 Steuerungen

Robotersteuerungen haben die Aufgabe, die Bewegungen der Robotergelenke so zu koordinieren, daß programmierte, durch Sensoreingriff an den

Prozeß adaptierbare Bewegungsabläufe ausgeführt werden. Außerdem obliegt ihnen die Synchronisation der Roboteraktionen mit der Prozeßperipherie und die Kommunikation mit dem Leitrechner. Schließlich bilden sie die Schnittstelle zwischen Roboter und Bediener bei der prozeßnahen Programmierung.

2.2.1 Koordinatentransformation

Die direkte Beschreibung komplexer Bewegungsabläufe in roboterspezifischen Koordinaten, d.h. in Gelenkwinkeln bzw. Translationswegen, ist schwierig, da die Auswirkung einzelner Gelenkstellungsänderungen auf die Gesamtbewegung des Roboterwerkzeugs nicht mehr ohne weiteres vorstellbar ist. Daher werden Position und Orientierung des Roboterwerkzeugs an den Bahnpunkten in kartesischen Basis- oder Werkzeugkoordinaten spezifiziert, die für den Anwender leichter verständlich sind (Bild 2-4).

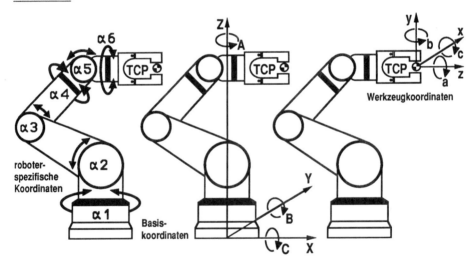

Bild 2-4: Koordinatensysteme eines Industrieroboters

Nach Angabe der Position des Arbeitspunktes TCP wird die Orientierung des Werkzeugs durch Drehungen A,B,C um jede der drei (feststehenden) Koordinatenachsen X,Y,Z beschrieben. Zur Vermeidung von Mehrdeutigkeiten ist dabei eine vorgeschriebene Reihenfolge der Drehungen einzuhalten. Daneben gibt es noch andere Möglichkeiten der Orientierungsdefinition /8/, die aber weniger anschaulich sind.

Angaben in sogenannten Basiskoordinaten beziehen sich auf ein raumfestes Koordinatensystem, dessen Ursprung sich meist zentriert in der Aufstellungsfläche des Roboters befindet. Bei Aufgaben wie z. B. Einlege- oder Fügeoperationen werden Werkzeugkoordinaten bevorzugt. Dabei beziehen sich alle Angaben auf ein Koordinatensystem, das seinen Ursprung im momentanen Arbeitspunkt des Roboterwerkzeugs hat. Bewegungsvorgaben in Werkzeugkoordinaten sind immer Relativbewegungen, da das Koordinatensystem nach Abschluß der Bewegung eine andere Lage einnimmt.

Moderne Steuerungen lassen dem Anwender bei der Programmierung die Wahl zwischen roboterspezifischen, Basis- und Werkzeugkoordinaten. Dies vereinfacht vor allem die Bewegungsführung des Roboters über Richtungsfahrtasten oder Steuerknüppel.

Zur Umrechnung der Bewegungsabläufe zwischen den verschiedenen Koordinatensystemen sind geeignete Transformationsalgorithmen erforderlich. Liegt ein Bahnpunkt in roboterspezifischen Koordinaten vor (z. B. bei der Lernprogrammierung), so lassen sich Position und Orientierung des Roboterwerkzeugs in Basiskoordinaten eindeutig bestimmen. Dazu wird die Anordnung der Robotergelenke zwischen Koodinatenursprung und TCP als offene kinematische Kette betrachtet. Die sogenannte Vorwärtstransformation entspricht dabei einer Addition von Vektoren, deren Anfangs- und Endpunkte durch die Robotergelenke bestimmt sind.

Die Rückwärtstransformation von Basis- in Roboterkoordinaten ist meist nicht eindeutig definiert. Eine Mehrdeutigkeit ergibt sich z. B. bei einer Knickarmkinematik nach Bild 2-5, wenn eine Lage des Werkzeugs durch zwei Gelenkstellungsvarianten erreicht werden kann /9/. Falls die Koordinatentransformation nicht durch Entscheidungskriterien wie z. B. den Bahnverlauf eindeutig gelöst werden kann, müssen Mehrdeutigkeiten durch zusätzliche Vorgaben im Programm ausgeschlossen werden /10/.

Außerdem ist zu beachten, daß die maximale lineare Verfahrgeschwindigkeit von der Gelenkstellung des Roboters abhängt. Bei konstanter

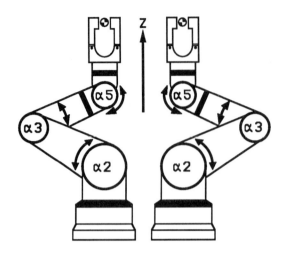

Bild 2-5:
Mehrdeutigkeit der Rückwärtstransformation von kartesischen in roboterspezifische Koordinaten

Bewegung des Werkzeugs in Bild 2-5 in Pfeilrichtung vergrößern sich die Winkelgeschwindigkeiten der Gelenke $\alpha 2$, $\alpha 3$ und $\alpha 5$ je mehr sich die Kinematik der ausgestreckten Stellung nähert. Zum Schutz der Antriebe reduziert die Steuerung in diesem Fall die Geschwindigkeitsvorgabe.

Eine weitere Problematik besteht bei Umorientierung des Werkzeugs (Bild 2-6): Bei ausgestreckter Zentralhand, d.h. paralleler Ausrichtung

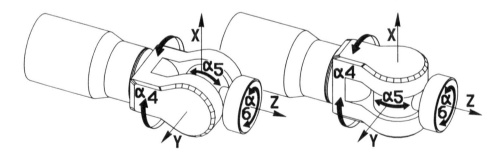

Bild 2-6: Kritische Achsstellungen der Zentralhand

der Achsen $\alpha 4$ und $\alpha 6$, ist es nicht möglich, quer zur $\alpha 5$-Achse −in diesem Fall um die X-Achse− zu drehen. Vor einer Drehung um diese Achse muß zunächst das Gelenk $\alpha 5$ durch Drehung von $\alpha 4$ in X-Richtung geschwenkt werden. Zur Erhaltung der Orientierung des Werkzeugs führt gleichzeitig das Gelenk $\alpha 6$ die entgegengesetzte Drehung aus. Die

Steuerung verzögert in diesem Fall die Umorientierung des Werkzeugs, bis die erforderliche Gelenkumstellung ausgeführt ist.

2.2.2 Bewegungssteuerung

Abhängig von der Art, die Bewegungen der Robotergelenke zwischen Ausgangs- und Zielstellung zu koordinieren, unterscheidet man die Punkt-zu-Punkt-Steuerung, die Achsinterpolation und die Bahnsteuerung. Die von den verschiedenen Steuerungsarten erzeugten Bahnkurven stellt Bild 2-7 a) am Beispiel einer zweiachsigen Knickarmkinematik gegenüber /11/.

Bei der Punkt-zu- Punkt-Steuerung besteht kein Zusammenhang zwischen den Bewegungen der einzelnen Achsen. Nur Ausgangs- und Zielstellung sind festgelegt. Da die Achsen die Zielstellungen mit ihren achsspezifischen Beschleunigungen und Geschwindigkeiten zu verschiedenen Zeitpunkten erreichen, ist die resultierende Bahn des Werkzeugs aus der Sicht des Programmiers undefiniert. Die Achsinterpolation (auch als Synchron-Punkt-zu-Punkt-Steuerung bezeichnet) dagegen synchronisiert die achsspezifischen Geschwindigkeiten derart, daß alle Achsen ihre Bewegungen gleichzeitig beginnen und beenden. Demgegenüber interpo-

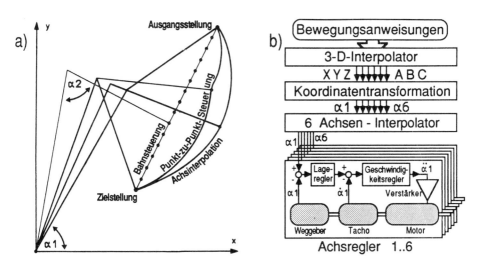

Bild 2-7:   a) Bahnkurven verschiedener Steuerungsarten
            b) Bewegungsteuerung eines 6-achsigen Robotersystems

liert die Bahnsteuerung zwischen Ausgangs- und Zielpunkt zusätzliche Bahnpunkte. Neben Linearbewegungen können moderne Bahnsteuerungen auch Kreisbahnen durch drei Raumpunkte interpolieren.

Bild 2-7 b) veranschaulicht die Verarbeitung von Bewegungsanweisungen in einer sechachsigen Robotersteuerung: Die Interpolation der in den Bewegungsanweisungen definierten Raumkurven wird in kartesischen Koordinaten durchgeführt. Dann werden die interpolierten Bahnpunkte in die roboterspezifischen Gelenkkoordinaten transformiert. Weil die Koordinatentransformation auch bei Einsatz schneller Prozeßrechner sehr zeitaufwendig ist, wird in kartesischen Koordinaten nur der grobe Bahnverlauf interpoliert. Die Feininterpolation übernimmt der Achsinterpolator, der die endgültigen Winkelsollwerte der Achsen vorgibt.

Die Bewegungsanweisungen erhält die Robotersteuerung entweder vom Programm oder unmittelbar vom Programmierer, wenn der Roboter während der Lernprogrammierung über die Antriebe bewegt wird. Im letzten Fall werden an die Robotersteuerung Weg- oder Geschwindigkeitsvorgaben zur Beeinflussung der Lagesollwerte übertragen.

2.2.3 Sensoreingriff

Robotersysteme, die den Menschen von manuellen Tätigkeiten entlasten sollen, müssen nicht nur dessen motorische sondern auch sensorische Fähigkeiten nachbilden. In der Grundausstattung verfügen die meisten Roboter allerdings nur über Sensoren zur Lage- und Geschwindigkeitsregelung der Achsen. Im Gegensatz zu NC-Werkzeugmaschinen, bei denen die Erzeugung einer exakten Form im Vordergrund steht, reicht diese Sensorik zur Erfüllung vieler Aufgaben jedoch nicht aus. Bei Montageaufgaben und beim Bahnschweißen z.B. sind die Bewegungen des Roboters, bedingt durch Prozeßtoleranzen, nicht exakt vorgebbar. Ein ausschließlich lagegeregelter Roboter versagt, wenn die zu bearbeitenden Objekte nicht so positioniert sind, wie bei der Programmierung vorausgesetzt wurde. Zur Korrektur prozeßbedingter Toleranzen während der Programmabarbeitung verfügen moderne Robotersteuerungen über Möglichkeiten, den Programmablauf in Abhängigkeit von Sensorsignalen zu modifizieren. Dabei können nicht nur Programmschritte übersprungen

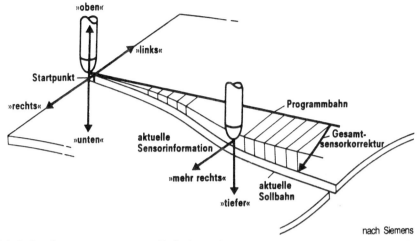

Bild 2-8: Sensorgesteuerte Bahnkorrektur

werden, sondern auch programmierte Bahnverläufe korrigiert werden (Bild 2-8). Das Sensorspektrum reicht von einfachen Schaltern bis zu mehrdimensionalen taktilen und visuellen Sensoren /12/.

2.3 Programmierverfahren

Die Erstellung eines Roboterprogramms kann aufgeteilt werden in die *Bewegungsprogrammierung* und die *Ablaufprogrammierung*. Während der

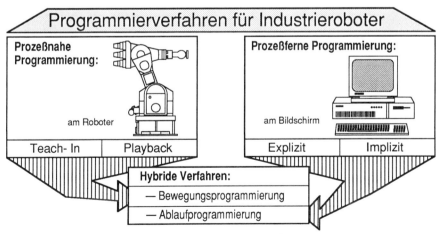

Bild 2-9: Programmierverfahren für Industrieroboter

Bewegungsprogrammierung werden die Bahnpunkte bzw. Bewegungsabschnitte bestimmt. Die Ablaufprogrammierung betrifft die Verknüpfung der Bewegungsabschnitte, Festlegung von Prozeßparametern wie Zeiten, Geschwindigkeiten und Beschleunigungen, Prozeßdatenverarbeitung sowie Kommunikation mit der Peripherie des Robotersystems.

Bei den Programmierverfahren kann nach dem Programmierort unterschieden werden zwischen prozeßnaher Programmierung am Roboter und prozeßferner Programmierung am Bildschirmarbeitsplatz (Bild 2-9). Hybride Verfahren kombinieren beiderlei Vorteile miteinander.

2.3.1 Prozeßnahe Programmierung

Zur Zeit werden die meisten Roboter prozeßnah programmiert. Die Bewegungsprogrammierung erfolgt dabei in einem Lernverfahren: der Programmierer gibt die Bewegungsabläufe durch Führung des Roboters oder eines geeigneten Modells vor, während die Steuerung die Bewegungsdaten erfaßt und aufzeichnet. Weitere Anweisungen, die der Steuerung alphanumerisch oder über Funktionstasten eingegeben werden, bestimmen den Programmablauf. Durch den direkten Bezug zum Roboter und seiner Umgebung ist diese Art der Bewegungsprogrammierung wesentlich anschaulicher als die numerische Vorgabe von Bewegungsabläufen bei der prozeßfernen Programmierung am Bildschirm.

In Bezug auf die *Aufzeichnung der Bewegungsabläufe* sind zwei Verfahrensvarianten zu unterscheiden:

- *Playback-Programmierung* (Abfahren einer Bahn)
- *Teach-In-Programmierung* (Anfahren und Speichern von Bahnpunkten)

Bei der *Playback-Programmierung* fährt der Programmierer Bahnkurven ab. Während dieser (Aufnahme-) Phase zeichnet die Steuerung selbstständig in einem festen Zeittakt Bahnpunkte auf. Dabei ist ein Bahnpunkt durch Position und Orientierung des Roboterwerkzeugs bestimmt. Zur Bewegungssteuerung der Roboterachsen bei der Wiedergabe (Playback) genügt im einfachsten Fall eine Punkt-zu-Punkt-Steuerung. Dafür ist ein erhöhter Aufwand für die Speicherung der Bahnpunkte erforderlich. Haupteinsatzgebiet des Playback-Verfahrens ist die Programmierung von Robotern zur Spritzlackierung.

Bei der *Teach-In-Programmierung* fährt der Programmierer markante, den Bewegungsablauf charakterisierende Bahnpunkte an, die durch einen Tastendruck abgespeichert werden. Bewegungsparamter wie Geschwindigkeit keit, Beschleunigung und Genauigkeit sowie die Interpolationsart zwischen den Bahnpunkten werden anschließend im Rahmen der Ablaufprogrammierung eingegeben. Während der Programmabarbeitung interpoliert die Steuerung eine Bahn zwischen den abgespeicherten Bahnpunkten. Zur Zeit werden die meisten Roboter nach dem Teach-In-Verfahren programmiert.

In Bezug auf die *Vorgabe und Vermessung der Bahnpunkte und Bewegungsabläufe* sind ebenfalls mehrere Varianten möglich (Bild 2-10):

Im einfachsten Fall wird der Roboter nach Abschaltung der Bremsen und Antriebe über Handgriffe, die in Werkzeugnähe installiert sind, geführt. Die Bewegungskoordinaten werden über die Wegmeßsysteme des Roboters erfaßt (a). Die direkte Bewegung durch die Muskelkraft des Programmierers ist allerdings nur bei leichten Konstruktionen (z.B. Lackierrobotern) möglich. Deshalb wird oft auch ein in Leichtbauweise gefertigtes kinematisches Modell des Roboters eingesetzt, das nur die Wegmeßsysteme enthält und leichter zu führen ist (b).

Wenn bei der Bewegungsprogrammierung schwere Teile zu manipulieren sind oder räumliche Enge den Programmierer behindert, müssen die Bewegungen mit Hilfe der Roboterantriebe ausgeführt werden. Zur Bewegungsführung kann ein kinematisches Modell des Roboters verwendet werden, dessen Bewegungen der in Sichtweite des Programmieres stehende Roboter synchron mitfährt (Master-Slave-Programmierung) (c). In den meisten Fällen allerdings werden tragbare Bedienfelder mit Richtungsfahrtasten oder Steuerknüppeln eingesetzt (d).

Während der Betätigung einer Richtungsfahrtaste bewegt sich der Roboter in einer der Taste zugeordneten Koordinatenrichtung. Dabei bieten moderne Steuerungen mit Koordinatentransformation die Auswahl zwischen verschiedenen Lehrkoordinatensystemen, d.h. die Tasten sind nach Bedarf

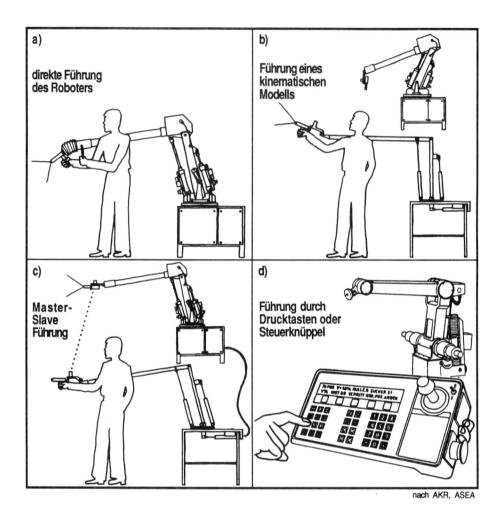

nach AKR, ASEA

Bild 2-10: Vorgabe und Vermessung von Bahnpunkten und Bewegungsabläufen bei der Lernprogrammierung

Roboter-, Basis- oder Werkzeugkoordinaten (Bild 2-4) zuzuordnen. Außerdem lassen sich bei Arbeiten in Basis- oder Werkzeug-Lehrkoordinaten Position und Orientierung des Werkzeugs unabhängig voneinander beeinflussen. Zur Positionierung und Orientierung bei einem Sechs-Achsen-Roboter sind im allgemeinen zwölf Richtungsfahrtasten erforderlich. Eine ergonomische Alternative sind Steuerknüppel, die die Funktion mehrerer Richtungsfahrtasten ersetzen.

Während Verfahrtasten und Steuerknüppel eine präzise Führung des Roboters an Bahnpunkte gewährleisten, ist die Vorgabe geschlossener Bewegungsabläufe nur schwer möglich. Deshalb werden diese Bedienelemente meist zur Teach-in-Programmierung eingesetzt. Dagegen können die Varianten a)-c) aus Bild 2-10 sowohl zur Teach-In- als auch zur Playback-Programmierung eingesetzt werden

2.3.2 Prozeßferne Programmierung

Prozeßnahe Programmierverfahren haben den Nachteil, daß Roboter und Fertigungsumgebung während der zeitaufwendigen Programmierphase nicht produktiv genutzt werden können. Unter diesem Aspekt ist der Einsatz der prozeßfernen Programmierung am Bildschirm zu sehen. Entsprechend der Eingabe der Bewegungsinformation wird zwischen expliziten und impliziten Programmiersprachen unterschieden /4/.

Explizite Programmiersprachen erfordern die ausdrückliche, numerische Eingabe von Bewegungsanweisungen (*Greifer öffnen, zum Werkstück bewegen, Greifer schließen*). Dabei werden hohe Anforderungen an das räumliche Vorstellungsvermögen des Programmierers gestellt, da neben der Position des Roboterwerkzeugs auch dessen Orientierung berücksichtigt werden muß. Voraussetzung ist die exakte Vermaßung des Roboters in seiner Umgebung. Zur Unterstützung des Programmierers kann eine graphische Robotersimulation am Bildschirm beitragen /13/.

Der impliziten Programmierung genügt die Beschreibung der Aufgabe (*greife Werkstück*). Die Bewegungsanweisungen werden automatisch erzeugt. Dazu sind leistungsfähige, wissensbasierte Rechnersysteme erforderlich, die über exakte Roboter- und Umweltbeschreibungen verfügen müssen. Während explizite Programmiersprachen Serienreife erlangt haben, befinden sich implizite Sprachen noch im Entwicklungsstadium /14,15/.

Bei einem Überblick industriell eingesetzter Programmierverfahren ist festzustellen, daß sich die prozeßfernen Programmierverfahren bis heute nicht gegenüber den dominierenden prozeßnahen Verfahren durchgesetzt haben. Verantwortlich dafür sind vor allem folgende Gründe: Einerseits ist die prozeßferne Bewegungsprogrammierung infolge mangelnder Anschaulichkeit wesentlich zeitaufwendiger als die prozeßnahe Lernprogrammierung. Andererseits bestehen oft erheblich Abweichungen zwischen den idealisierten Roboter- und Umweltbeschreibungen und der Realität. Dies ist vor allem darauf zurückzuführen, daß die absolute Positioniergenauigkeit der Roboter traglastabhängig und meist wesentlich geringer als die Wiederholgenauigkeit ist /5/. Durch die Bewegungsprogrammierung unter realen Verhältnissen tritt dieses Problem bei den Lernverfahren nicht in Erscheinung. Den entscheidenden Durchbruch wird die prozeßferne Programmierung erst erzielen, wenn leistungsfähige implizite Programmiersprachen zur Verfügung stehen und Roboter über intelligente Sensoren zur Online-Programmkorrektur verfügen. Solange werden Lernverfahren ihre Bedeutung zur Bewegungsprogrammierung behalten.

2.3.3 Hybride Programmierung

Vorteilhaft einsetzbar sind prozeßferne Verfahren bei der Ablaufprogrammierung, die am Bildschirm ungestörter durchgeführt werden kann als in der lärmerfüllten Maschinenhalle. Diese Möglichkeit wird allerdings selten genutzt, da die Ablaufprogrammierung z.Z. nur ca. 20% der gesamten Programmierzeit beansprucht. Wenn mit steigender Komplexität der Programme durch Wiederholungen, Schleifen, Unterprogramme und Sensoreingriffe der Umfang der Ablaufprogrammierung wächst, bringt der Einsatz hybrider Programmierverfahren merkliche Vorteile durch bessere Roboter- und Maschinenausnutzung: In diesem Fall wird am Bildschirm zunächst ein Programmgerüst erstellt, das auch schon Bewegungsbefehle, allerdings ohne Koordinatenangaben enthält. Die Bahnpunkte werden anschließend im Teach-in-Verfahren eingegeben.

Die von den Roboter-Steuerungsherstellern angebotenen Programmiersprachen sind inzwischen meist so ausgelegt, daß Bewegungsanweisungen sowohl numerisch als auch per Teach-In eingegeben werden können. Sie sind deshalb sowohl für die prozeßnahe als auch für die prozeßferne oder hybride Programmierung geeignet. Darüberhinaus existieren steuerungsunabhängige, explizite Programmiersprachen, die das Teach-in-Verfahren integrieren /16,17/. Grundlage für deren universellen Einsatz und die Portabilität der Programme zwischen unterschiedlichen Steuerungen ist die Normung der IRDATA(Industrial Robot Data)-Schnittstelle /18/.

3. Zielsetzung und Aufgabenstellung

Industrieroboter werden z.Z. vorwiegend in der Großserienfertigung eingesetzt. Zur Produktion kleiner Stückzahlen werden sie nur hinzugezogen, wenn technische Gründe wie z.B. die Kraft, die Genauigkeit und Reproduzierbarkeit der Bewegungen oder der Einsatz unter erschwerten Bedingungen dies erfordern. Gegen die verstärkte Nutzung in der Mittel- und Kleinserie spricht meist der in Relation zur Produktionszeit wirtschaftlich nicht vertretbare Aufwand für die Roboterprogrammierung. Auch die Verfügbarkeit prozeßferner Programmiersprachen hat an dieser Situation kaum etwas geändert, da die Bewegungsprogrammierung am Bildschirm mit den derzeitigen expliziten Programmiersprachen selten praktikabel ist. Hybride Programmiersysteme, die das Teach-In-Verfahren zur prozeßnahen Bewegungsprogrammmierung integrieren, konnten sich bisher nicht durchsetzen. Ihr Einsatz würde die Programmierung auch kaum beschleunigen, weil die Bewegungsprogrammierung immer noch den größten Anteil der gesamten Programmierzeit in Anspruch nimmt. Maßnahmen zur Effektivitätssteigerung müssen deshalb bei der zeitintensiven Aufnahme der Roboterbewegungen ansetzen.

Ziel dieser Arbeit ist die Beschleunigung der prozeßnahen Bewegungsprogrammierung durch die Entwicklung neuer Bediengeräte zur dreidimensionalen Bewegungsführung.

Bei der Realisierung der Bediengeräte sollten folgende Punkte berücksichtigt werden:

- Universalität: Die Bediengeräte müssen in Verbindung mit allen Roboter-Bauformen einsetzbar sein.
- Platzbedarf: Aufstellung und Betrieb dürfen keinen nennenswerten zusätzlichen Platz in Anspruch nehmen.
- Ergonomie: Die Bedienung muß komfortabel, anschaulich und leicht erlernbar sein.

Besondere Bedeutung kommt der ergonomischen Gestaltung der Mensch-Maschine-Kommunikation zu. Die Absicht des Programmierers, den Roboter in eine bestimmte Richtung zu bewegen, sollte möglichst unkompliziert in die entsprechende Roboteraktion umsetzbar sein. Diese Absicht kann verbal oder manuell ausgedrückt werden. Einfacher als auf dem Umweg über die menschliche Sprache /19/ ist die Führung des Roboters durch Handbewegungen möglich. Deshalb sollen im folgenden ausschließlich manuelle Bedienelemente behandelt werden.

Bei der Roboterführung unter Benutzung der Antriebe kann der Programmierer mühelos und unbemerkt große Kräfte aufbringen. Zur Vermeidung von Schäden sollten ergonomische Bedienelemente deshalb nicht nur Bewegungen erfassen sondern auch ein Gefühl für die aufgebrachten Kräfte vermitteln.

Von räumlich nicht fixierten Bediengeräten wird verlangt, daß die Bewegungsrichtung des Roboters immer mit der Betätigungsrichtung des Bedienelementes übereinstimmt. Dazu muß die Orientierung des Bediengerätes bekannt sein. Zur Orientierungsbestimmung kommen nur berührungslose Verfahren in Betracht. In der Navigationstechnik existieren einige Verfahren zu Kursbestimmung, die auf ihre Eignung für die vorliegende Anwendung zu untersuchen sind.

4. Bedienelemente zur Bewegungsprogrammierung

Zur Bewegungsführung werden bei den meisten Robotersystemen z.Z. noch Richtungsfahrtasten eingesetzt. Diese Tasten sind unergonomisch, da der Programmierer sich ständig die Lage des Programmierkoordinatensystems und dessen Zuordnung zu den Tasten vor Augen halten muß. Beim Einsatz eines Robotermodells (vgl. Bild 2-10c) zur Steuerung der Antriebe dagegen besteht ein gedanklich leicht faßbarer Zusammenhang zwischen der Aktion des Programmierers und der Reaktion des Roboters. Allerdings steht die Verwendung eines kinematischen Modells im Gegensatz zu den Forderungen nach Universalität und geringem Platzbedarf.

Robotermodelle zur Bewegungsvorgabe lassen sich abstrahieren und soweit verkleinern, daß schließlich universell einsetzbare, manuelle Bedienelemente entstehen, die Bewegungen des Programmierers über Steuerung und Antriebe auf den Roboter übertragen. Steuerknüppel z.B. können als abstrahierte Robotermodelle betrachtet werden. Durch eine geeignete Koordinatentransformation lassen sie sich zur Führung unterschiedlicher Roboterbauformen einsetzen.

Aufgabe manueller Bedienelemente ist es, die Motorik der menschlichen Hand (Bewegungen, Drehungen, Kräfte, Momente) zu erfassen und Signale zur Steuerung der Roboterantriebe zu erzeugen. Die Hand kann über

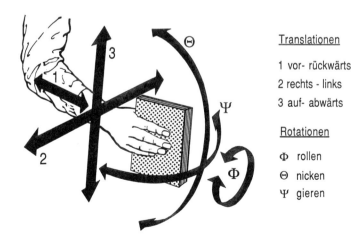

Bild 4-1: Bewegungsmöglichkeiten der menschlichen Hand /20/

Arm- und Handgelenke sechs voneinander unabhängige Bewegungen ausführen: drei Translationen und drei Rotationen (Bild 4-1). In Anlehnung an Ausdrücke der Navigation in der Luftfahrt /21/ werden die drei Drehungen der Handwurzel mit Gieren, Nicken und Rollen bezeichnet.

Damit ist es möglich, alle sechs Freiheitsgrade eines Roboters mit einer Hand zu steuern. Zur Auslösung zusätzlicher Funktionen können die Fingergelenke hinzugezogen werden.

4.1 Klassifizierung manueller Bedienelemente

Bild 4-2 zeigt die verschiedenen Möglichkeiten, einen Roboter über Bedienelemente und Antriebe zu manipulieren. Der hier dargestellte Steuerknüppel steht stellvertretend für die verschiedenen Bauformen von Sensoren, die die Motorik der menschlichen Hand erfassen.

Zunächst ist zwischen kraft- und wegbetätigten Bedienelementen zu unterscheiden: Die *kraftbetätigten* sind völlig starr; die auf sie ausgeübte Kraft (bzw. das Moment) wird in ein Ausgangssignal umgesetzt, ohne daß der Anwender eine Nachgiebigkeit spürt. *Wegbetätigte* Bedienelemente dagegen sind fast ohne Kraftaufwand auszulenken. Eine Kombination aus beiden Bauformen sind *weg- und kraftbetätigte* Bedienelemente. Zur Auslenkung ist eine bestimmte Kraft erforderlich. Nach Loslassen kehren sie in ihre Ruhelag zurück, d.h. sie sind selbstneutralisierend.

Mit dem weg- bzw. kraftproportionalen Ausgangssignal des Bedienelementes (im folgenden sollen nur kontinuierlich arbeitende, keine schaltenden Geräte betrachtet werden) kann der Programmierer der Robotersteuerung eine Stellgröße vorgeben, die unmittelbar bzw. beim Programmablauf die Lageregelung des Roboters beeinflußt. Aus den möglichen Betätigungsarten und Vorgabegrößen nach Bild 4-2 lassen sich verschiedene, nicht immer sinnvolle Kombinationen zusammenstellen.

Die *Vorgabe des Weges* (d.h. der Position und Orientierung des Roboterwerkzeugs) ist zunächst nur in Verbindung mit wegbetätigten Bedienelementen sinnvoll. Jeder Auslenkung des Bedienelements ist genau eine Stellung des Roboterwerkzeugs zugeordnet. Beispiele sind die Wegvor-

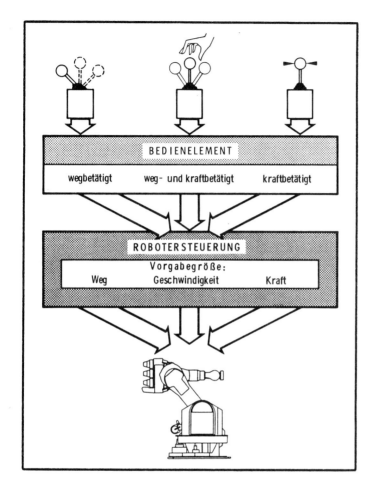

Bild 4-2:
Bewegungs-
programmierung
über manuelle
Bedienelemente

gabe über kinematische Robotermodelle nach Bild 2-10, aber auch über Meßsysteme, die berührungslos Position und Orientierung im Raum bestimmen können. Bedienelemente dieser Art, die Absolutbewegungen vorgeben, ermöglichen als einzige neben der Roboterführung auch die direkte Vermessung der zu programmierenden Bewegungen.

Wenn der Auslenkbereich des Bedienelementes wesentlich kleiner als der Arbeitsraum des Roboters ist, können die Bewegungsvorgaben in mehrere Abschnitte aufgeteilt und nicht mehr absolut, sondern relativ zur augenblicklichen Roboterstellung vorgegeben werden. Bei Aktivierung des Bedienelements (z.B. durch Betätigung einer Taste) ändert das Roboterwerkzeug die Position bzw. Orientierung entsprechend den Vorgaben des Programmierers. Nach Inaktivierung werden Bewegungen nicht mehr an den Roboter übertragen.

Bei der *Vorgabe der Geschwindigkeit* über kraftbetätigte und selbstneutralisierende Bedienelemente wird der Weg (bzw. Winkel) des Roboterwerkzeugs von der Zeit mitbestimmt. Die zurückgelegten Wege und Winkel ergeben sich durch zeitliche Integration der Geschwindigkeitsvorgabe. Deshalb ist sowohl eine exakte Fein- als auch eine schnelle Grobpositionierung ohne Maßstabsprobleme möglich. Als Bedienelemente werden meist Steuerknüppel oder Kraft-Momenten-Sensoren eingesetzt.

Die *Vorgabe der Kraft* (oder des Moments) ist nur sinnvoll, wenn auch das Roboterwerkzeug beim Kontakt mit dem Werkstück Kräfte oder Momente ausübt. Die Kraftvorgabe auf ein frei bewegtes Roboterwerkzeug käme einer Beschleunigungsvorgabe gleich; nach Inaktivierung des Bedienelements würde ein Roboter, auf den keine Kräfte wirken, mit konstanter Geschwindigkeit weiterfahren. Deshalb ist die Vorgabe der Kraft nur in Verbindung mit einer Weg- oder Geschwindigkeitsvorgabe zweckmäßig (s. Kapitel 5).

4.2 Genauigkeitsanforderungen an Bedienelemente

Die an Bedienelemente zur Bewegungsprogrammierung gestellten Genauigkeitsanforderungen hängen wesentlich davon ab, ob diese zu *direkten Vermessung* von Bewegungen oder zur *Bewegungsführung* eines Roboters eingesetzt werden (Bild 4-3).

Die höchsten Genauigkeitsanforderungen bestehen bei der *direkten Vermessung* von Bahnpunkten und Bewegungsabläufen unter Ausschluß der Wegmeßsysteme des Roboters. Dazu sind ausschließlich wegbetätigte Bedienelemente verwendbar. Meßfehler gehen in diesem Fall direkt in Bahnfehler beim Programmablauf über. Die Genauigkeitsanforderungen sind anwendungsabhängig: Programme für Spritzlackier-Roboter stellen die geringsten Anforderungen an die Genauigkeit der Bewegungsprogrammierung. Dagegen müssen Füge- und Montageaufgaben oft so exakt programmiert werden, daß die Positioniergenauigkeit des Roboters voll

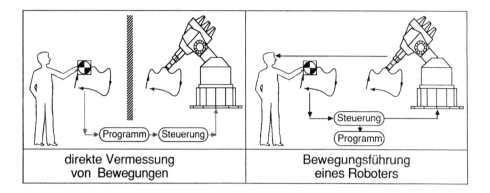

Bild 4-3: Direkte und indirekte Bewegungsprogrammierung

ausgeschöpft wird. Wenn der Roboter über eine sensorgesteuerte Bahnkorrektur (Bild 2-8) verfügt, die Abweichungen während der Programmabarbeitung korrigiert, lassen sich die Genauigkeitsanforderungen etwas reduzieren.

An Bedienelemente zu *Bewegungsführung* werden geringere Genauigkeitsanforderungen gestellt. In diesem Fall bilden Programmierer, Bedienelement und Roboter einen elektronisch, visuell und taktil geschlossenen Regelkreis, der die menschliche Koordinationsfähigkeit zwischen Auge und Hand einbezieht: Fehler des Bedienelements werden durch den Roboter angezeigt, visuell erkannt und korrigiert. Das Bedienelement ist nur indirekt an der Vermessung der Bewegungen beteiligt; die exakte Erfassung der Bahnpunkte erfolgt durch die Meßsysteme des Roboters. Die Genauigkeit der Bewegungen bei der Programmabarbeitung hängt somit nur von der Wiederholgenauigkeit des Robotersystems ab.

Bei der Bewegungsführung sind Fehler des Bedienelements tolerierbar, solange sie nicht zu einer Irritation des Programmierers führen. Dabei sind Maßstabsfehler eher tolerierbar als Richtungsfehler. Wichtig ist, daß die Betätigungsrichtung des Bedienelements und die Bewegungsrichtung des Roboters übereinstimmen. Darauf ist besonders beim Einsatz mobiler Bediengeräte (s. Kapitel 6) zu achten. Abweichungen von 10° werden vom Programmierer meist unbemerkt korrigiert; Winkelfehler über 30° machen sich dagegen störend bemerkbar.

4.3 Bedienelemente-Bauarten

Eine Vielzahl manueller Bedienelemente zur Positions- und Bewegungseingabe findet sich an interaktiven Computergrafiksystemen. Die bekanntesten, zweidimensional arbeitenden Eingabeelemente sind das Digitalisiertablett, der "Joystick" und die "Maus" (Bild 4-4).

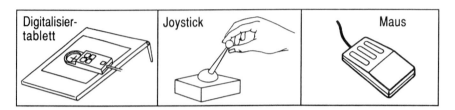

Bild 4-4: 2-D-Eingabegeräte interaktiver Computergrafiksysteme

Während das Digitalisiertablett zur Eingabe absolute Positionswerte vorgesehen ist, erfaßt die Maus Positionsänderungen relativ zu der Stelle, an der sie auf eine Unterlage gesetzt wird. Beide Geräte können als wegbetätigte Eingabeelemente zur Wegvorgabe betrachtet werden. Dagegen wird über den Joystick meist die Geschwindigkeit einer Markierung auf dem Bildschirm vorgegeben. Prinzipiell wäre es möglich, über diese 2-D-Eingabegeräte auch einen Roboter zu bewegen. Zur räumlichen Positionierung müßte zwischen den XY-, YZ- und XZ-Ebenen des Roboters umgeschaltet werden. Diese Lösung wäre aber sehr unergonomisch. Wünschenswert sind dreidimensionale Bedienelemente, die simultan mindestens drei Bewegungsmöglichkeiten der menschlichen Hand erfassen. Anwendungen bestehen neben der Robotertechnik in der 3-D-Computergrafik.

4.3.1 3-D-Steuerknüppel

Bild 4-5a zeigt einen 3-D-Computer-Joystick: Ein in Ruhelage senkrechter Stab ist einseitig gelagert, so daß er um zwei orthogonale, horizontale Achsen (Nick- und Rollachse) gedreht werden kann. Die Auslenkwinkel werden potentiometrisch erfaßt. Zur Erweiterung auf eine dritte Achse (Gierachse) wird der Stab zusätzlich so gelagert, daß er sich auch um seine Längsachse drehen läßt.

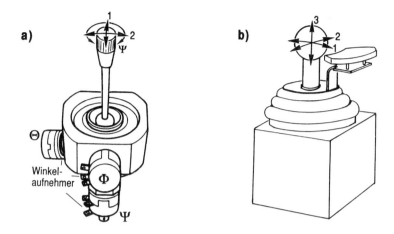

Bild 4-5: 3-D-Steuerknüppel

Ein 3-D-Steuerknüppel dieser Bauart, der primär Winkel erfaßt, ist gut zur räumlichen Orientierung eines Roboterwerkzeugs geeignet. Bei der Positionierung können die horizontalen Auslenkungen des Stabes (vor/rück, rechts/links) als translatorische Roboterbewegungen interpretiert werden. Schwierigkeiten allerdings bereitet die gedankliche Umsetzung der Drehung des Steuerknüppels in die zugeordnete vertikale Roboterbewegung. Einfacher wird die Zuordnung, wenn der Griff des Steuerknüppels sich in vertikaler Richtung verschieben statt verdrehen läßt (Bild 4-5b).

Zur Abstützung der Bedienerhand ist an dem horizontal beweglichen Teil des Steuerknüppels unterhalb des Griffes eine Auflage montiert. Während der Griff sich dreiachsig bewegen läßt, macht die Handauflage nur die horizontalen Bewegungen mit. Vertikalbewegungen werden vom Handgelenk, Horizontalbewegungen vom Unterarm ausgeführt. So lassen sich die drei Bewegungen besser entkoppeln. Steuerknüppel dieser Bauart sind eher zur Positionierung geeignet /22/.

4.3.2 Kraft-Momenten-Sensoren

Zur simultanen Positionierung und Orientierung ist ein Bedienelement erforderlich, das gleichzeitig Translationen und Rotationen bzw. Kräfte und Momente der menschlichen Hand erfaßt. Dabei besteht ein Problem darin, die Bewegungsmöglichkeiten der Hand voneinander zu entkoppeln. Mit Steuerknüppeln ist dies praktisch nicht möglich, da der Angriffspunkt der Hand außerhalb des Schnittpunktes der Bewegungsachsen liegt und sich Drehungen und Verschiebungen des Griffes nicht unterscheiden lassen. Die Sensorkugel nach Bild 4-6b löst diese Problem, indem sie die von der umfassenden Hand auf ihr Zentrum ausgeübten Kräfte und Momente mißt. So lassen sich Kräfte und Drehmomente unabhängig voneinander aufbringen und erfassen.

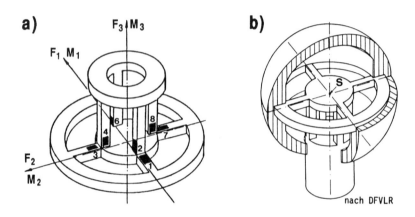

Bild 4-6: Kraft-Momenten-Sensor

Die Hohlkugel enthält einen dreidimensionalen Kraft-Momenten-Sensor, dessen Meßzentrum S im Kugelmittelpunkt liegt. Der Kraft-Momenten-Sensor (Bild 4-6a) besteht aus einem Basisring, von dem auf gleicher Ebene vier Speichen zu einem Kern in der Mitte führen. Über vier Stützen ist der Kern mit dem oberen Ring verbunden. Speichen und Stützen sind mit je einem Paar Dehnungsmeßstreifen (DMS) versehen. Kräfte oder Momente, die über den oberen Ring und den Basisring übertragen werden, verursachen elastische Verformungen der Stützen und Speichen. Diese Verformungen sind allerdings so gering, daß die Sensorkugel als vollkommen starres Bedienelement erscheint. Sie zählt damit zu den kraftbetätigten Bedienelementen.

Die acht DMS-Paare werden zu Meßbrücken verschaltet, aus deren verstärkten Ausgangsspannungen $U_1 \ldots U_8$ über eine 6x8 Matrizenmultiplikation mit einer Zuordnungsmatrix Kräfte und Momente errechnet werden:

$$\begin{pmatrix} F_1 \\ F_2 \\ F_3 \\ M_1 \\ M_2 \\ M_3 \end{pmatrix} = \begin{pmatrix} 0 & 0 & 0 & k_1 & 0 & 0 & 0 & -k_1 \\ 0 & k_1 & 0 & 0 & 0 & -k_1 & 0 & 0 \\ k_2 & 0 & -k_2 & 0 & k_2 & 0 & -k_2 & 0 \\ 0 & 0 & k_3 & 0 & 0 & 0 & -k_3 & 0 \\ k_3 & 0 & 0 & 0 & -k_3 & 0 & 0 & 0 \\ 0 & -k_4 & 0 & k_4 & 0 & -k_4 & 0 & k_4 \end{pmatrix} \cdot \begin{pmatrix} U_1 \\ U_2 \\ U_3 \\ U_4 \\ U_5 \\ U_6 \\ U_7 \\ U_8 \end{pmatrix} \quad \text{Gl.4.1}$$

Gleichung 4.1 rechnet mit einer idealisierten Zuordnungsmatrix. In der Realität tritt aber immer ein leichtes Überkoppeln zwischen den Meßwerten auf. Die realen Abweichungen der Matrixelemente von den idealen Werten $k_1..k_4$ bzw. von Null sind sensorspezifisch und abhängig von der Präzision, mit der der Sensorgrundkörper hergestellt wird. Deshalb muß jedem Sensor eine individuelle Matrix zugeordnet werden, die ihre Gültigkeit behält, solange keine Überlastungen auftreten. /23,24/

Neben der oben beschriebenen, starren Version der Sensorkugel gibt es auch eine elastische Ausführung (<u>Bild 4-7</u>), die bei Belastungen durch

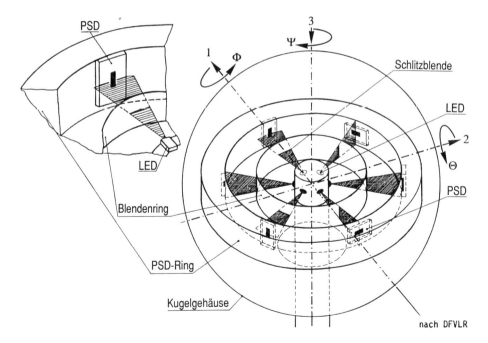

Bild 4-7: Weg- und kraftbetätigte Sensorkugel mit optischer Abtastung

Kräfte oder Momente spürbar nachgibt. Translatorische und rotatorische Auslenkungen werden hier optisch erfaßt. Das Meßsystem besteht aus sechs Leuchtdioden (LED), einem Blendenring mit horizontalen und vertikalen Schlitzblenden und sechs positionsempfindlichen Fotodetektoren (PSD). Durch die Schlitzblenden werden von den LEDs Lichtstriche auf den mit der Hohlkugel verbundenen, beweglichen PSD-Ring projiziert. Wenn das elastisch gelagerte Kugelgehäuse durch Kräfte oder Momente ausgelenkt wird, verschieben sich die Projektionsorte der Lichtstriche. Aus den Meßwerten der sechs PSD-Elemente lassen sich somit die Kräfte und Momente ermitteln.

Vom subjektiven Bedieneindruck her hat diese Kugel mehr Ähnlichkeit mit selbstneutralisierenden Steuerknüppeln. Sie ist etwas gefühlvoller zu bedienen als die starre Version. /25/

5. Bewegungsführung mit Kraftvorgabe

Manuelle Bedienelemente zur Bewegungsführung bilden eine Schnittstelle zwischen Programmierer und Roboter. Sie erfassen die menschliche Motorik und übertragen sie auf den Roboter. Um die Rückmeldung der Roboteraktionen nicht nur über die visuelle, sondern auch die taktile Sensorik des Menschen zu leiten, sollten sie dem Bediener gleichzeitig ein Gefühl für die Aktionskräfte und -momente des Roboters vermitteln (Bild 5-1).

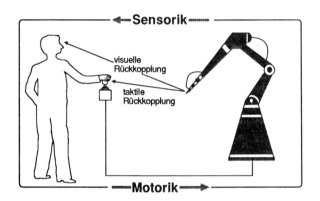

Bild 5-1:
Bewegungsführung mit visueller und taktiler Rückmeldung

Beim Kontakt weg- oder geschwindigkeitsgesteuerter Roboter mit Hindernissen sind die auftretenden Kräfte (bzw. Momente) nicht definiert. Im günstigsten Fall werden sie durch einen Überlastschutz begrenzt. Bei vorgegebenem Weg sind die Kräfte um so größer, je steifer Roboter und Hindernis sind. Ein Programmierer, der einen Roboter mit Hilfe der Antriebe bewegt, ist deshalb gerade bei steifen Robotern kaum in der Lage, die vom Roboterwerkzeug aufgebrachten Kräfte abzuschätzen. Bedienelemente mit definierter Kraftvorgabe vermeiden in diesem Fall nicht nur Beschädigungen sondern unterstützen den Programmierer z.B. auch bei der Aufnahme von Fügeoperationen.

5.1 Kraftgegenkopplung

Bild 5-2 veranschaulicht das Prinzip der Robotermanipulation mit Kraftgegenkopplung für den eindimensionalen Fall: Über das Bedienelement wird der Robotersteuerung eine Geschwindigkeit vorgegeben, die eingehalten wird, solange der Kraftsensor keine Kraft aufnimmt. Sobald die Roboter-

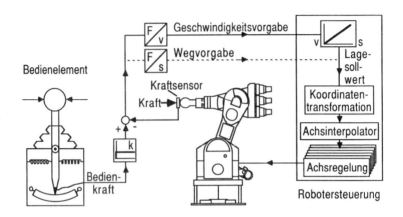

Bild 5-2: Prinzip einer Kraftgegenkopplung

hand eine Kraft ausübt, wird diese von der mit dem Faktor k verstärkten Bedienkraft abgezogen. Mit steigender Roboterkraft reduziert sich die Geschwindigkeitsvorgabe bis bei Stillstand die Roboterkraft auf die k-fache Bedienkraft angestiegen ist. Wird die Roboterkraft noch größer, so stellt sich eine negative Geschwindigkeit ein: Der Roboter fährt zurück.

Bild 5-3a veranschaulicht beispielhaft den Zusammenhang zwischen der Roboterkraft F und der Verfahrgeschwindigkeit v mit der Bedienkraft als Parameter. Die Steigung der parallelverschobenen Parametergeraden wird nur von der Steilheit $\Delta v/\Delta F$ der F/v-Umsetzung bestimmt. Außerdem ist ersichtlich, daß der Roboter, unabhängig vom Bedienelement, auch direkt durch eine Kraft auf die Roboterhand bewegt werden kann. Auf diese Art

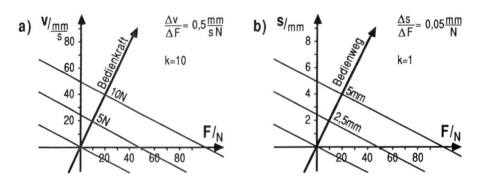

Bild 5-3: Diagramme zur Kraftgegenkopplung

lassen sich bei angepaßter F/v-Umsetzersteilheit auch Roboter schwerer Bauart direkt führen (Bild 2-10a). Um Driften der Position durch Nullpunktfehler des Bedienelements oder Kraftsensors zu unterdrücken, empfiehlt es sich, in die Geschwindigkeitsvorgabe einen Schwellwert einzufügen, falls während des Betriebs kein Nullabgleich durchgeführt werden kann.

Bei Einsatz des Kraft-Momenten-Sensors nach Bild 4-6 an der Roboterhand und der Sensorkugel als Bedienelement läßt sich die Gegenkopplung auf sechs Achsen erweitern /26/. Voraussetzung ist, daß sich alle Systemkomponenten auf das gleiche Koordinatensystem, am zweckmäßigsten auf Basiskoordinaten beziehen. In diesem Fall müssen die in Werkzeugkoordinaten vorliegenden Meßwerte des Kraft-Momenten-Sensors transformiert werden. Wenn das Koordinatensystem des Bedienelementes nicht fixiert ist, sind auch dessen Vorgaben auf das Bezugskoordinatensystem umzurechnen.

Der Kraft-Momenten-Sensor wird meist zwischen Roboterhand und Werkzeug montiert und deshalb auch durch die Gewichtskräfte des Werkzeugs und evtl. Werkstücks belastet. Falls diese nicht über eine entsprechende Kraft am Bedienelement kompensiert werden, setzt sich der Roboter selbständig nach unten in Bewegung. Die Kompensation kann auch automatisch durch Addition der jeweiligen Traglast am Summenpunkt der Gegenkopplung durchgeführt werden. Wenn der Schwerpunkt der auf den Kraft-Momenten-Sensor wirkenden Last mit dessen Meßzentrum übereinstimmt, verschwinden auch die von der Orientierung der Roboterhand abhängigen Momente. Das Meßzentrum des Sensors ist durch Variation der Zuordnungsmatrix (Gl. 5.1) zu verschieben.

Die Gegenkopplung läßt sich modifizieren, indem der Lagesollwert nicht durch Aufintegration der Geschwindigkeit sondern durch direkte Vorgabe des Weges beeinflußt wird. In Bild 5-2 ist diese Variante gestrichelt dargestellt. Der Unterschied wird in <u>Bild 5-3b</u> deutlich: Je größer die Roboterkraft wird, um so mehr fährt der Roboter zurück. Die Gegenkopplung vergrößert die relativ kleine Eigen-Nachgiebigkeit des Robotersystems um die Steilheit $\Delta s/\Delta F$ der F/s-Umsetzung. Im Gegensatz hierzu wird bei der Vorgabe der Geschwindigkeit die statische Nachgiebigkeit des Roboters beliebig groß, weil bereits kleinste Roboterkräfte durch Aufintegration der Geschwindigkeit große Positionsabweichungen verursachen.

Erhöhte Nachgiebigkeit ist vor allem bei Fügeoperationen von Vorteil. Die mehrachsige Kraftgegenkopplung ist eine universelle Alternative zur passiven Korrektur von Positions- und Orientierungsfehlern durch elastische Elemente, die nach dem Prinzip der Remote Center Compliance (RCC), d.h. der Nachgiebigkeit um ein entferntes Zentrum aufgebaut sind.

<u>Bild 5-4</u> veranschaulicht die Funktion einer RCC-Fügehilfe beim Einsetzen eines Stiftes in eine Bohrung: Das Nachgiebigkeitszentrum RCC liegt außerhalb der Fügehilfe am freien Ende des Stiftes. Die Kraft F_1, die im Augenblick des ersten Kontaktes mit der Bohrung auf den Stift ausgeübt wird, bewirkt eine parallele Verschiebung $\triangle x$, aber keine Verdrehung des Stiftes. Gegenüber Kräften auf den RCC-Punkt hat die Fügehilfe eine große Drehsteifigkeit. Mit einer einfachen weichen Lagerung würde die Kraft den Stift sehr leicht aus der Fügerichtung ablenken. Erst wenn die Bohrung über zwei Kräfte F_1 und F_2 ein Moment auf den Stift ausübt, dreht dieser sich um den Winkel $\triangle \alpha$ um das Nachgiebigkeitszentrum /27/.

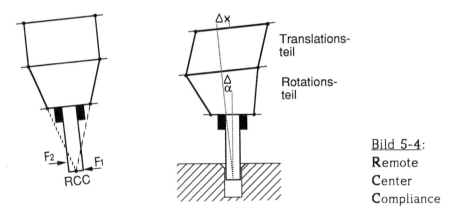

<u>Bild 5-4</u>:
Remote Center Compliance

Die Kraftgegenkopplung kann die Fügehilfe ersetzen, wenn das Meßzentrum des Kraft-Momenten-Sensors und der Tool-Center-Point des Roboters, auf den die Steuerung die Weg- und Winkelvorgaben bezieht, in den RCC-Punkt gelegt werden. Diese Anpassung ist per Software für verschiedene Punkte möglich. Bei RCC-Elementen ist jedesmal ein mechanischer Umbau erforderlich.

Neben Fügeoperationen ist die Konturverfolgung (z.B. beim Bahnschweißen oder Gußputzen) ein weiterer Einsatzschwerpunkt der Kraftgegenkopplung. Durch das Bedienelement wird ein grober Leitvorschub vorgegeben, der den Kraft-Sensor mit konstanter Kraft an einer Kontur entlang führt und so den genauen Bahnverlauf abtastet /22/. Wenn keine Kräfte auf die abzutastende Kontur ausgeübt werden sollen, kann der Kraftsensors durch einen berührungslosen Abstandsensor ersetzt werden /28/.

Das dynamische Verhalten des Regelkreises nach Bild 5-2 wird entscheidend durch die Eigenschaften der Robotersteuerung bestimmt. Vor allem die zeitaufwendige Koordinatentransformation, die bei modernen Steuerungen eine Totzeit von 10-40 ms erzeugt, begrenzt die Geschwindigkeit der Regelung. Außerdem ist der Regelkreis nichtlinear, da einige Parameter von der Stellung des Roboters abhängig sind. Wenn die Geschwindigkeit der Regelung voll ausgenutzt werden soll, müssen die Zeitkonstanten des Bedienelements für die Signalaufbereitung und -übertragung zur Steuerung deutlich unter den systemdominanten Zeitkonstanten liegen.

Die Gegenkopplung durch prozeßbeeinflußte Größen unterstützt den Programmierer bei der Aufnahme von Bewegungsabläufen. Zum Ausgleich von Toleranzen muß die Gegenkopplung auch bei bestimmten Operationen während des Programmablaufs aktiviert werden. In diesem Fall werden die Bewegungsabläufe nicht durch das Bedienelement, sondern vom Programm vorgegeben /29/.

5.2 Kraftrückführung auf das Bedienelement

Bei Reaktion der Gegenkopplung nach Bild 2-3 auf eine Roboterkraft stellt der Programmierer fest, daß er das Bedienelement stärker betätigen muß, um den Roboter zu bewegen. Er spürt aber keine unmittelbare Kraft auf seine Hand. Dies ist nur mit einer Kraftrückführung auf ein auslenkbares Bedienelement möglich. Bild 5-4 veranschaulicht das Prinzip für den eindimensionalen Fall: Die Auslenkung bzw. Bedienkraft wird als Geschwindigkeitsvorgabe an die Robotersteuerung übertragen. Sobald die Roboterhand eine Kraft ausübt wird diese über einen Pneumatikzylinder auf das Bedienelement zurückgeführt. Im Gegensatz zu Bild 5-2 schließt sich der Regelkreis hier über das Bedienelement. Ansonsten gelten die Ausführungen des letzten Abschnitts auch für die Kraftrückführung.

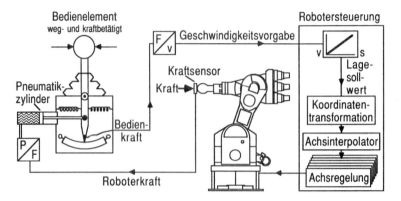

Bild 5-4: Kraftrückführung

Der Pneumatikzylinder und das zugehörige Proportionalventil bilden ein Verzögerungsglied, dessen Zeitkonstante vom eingeschlossenen Luftvolumen abhängt und entscheidend das Verhalten des Regelkreises bestimmt. Deshalb müssen die Druckluftverbindung zwischen Ventil und Zylinder so kurz wie möglich gehalten werden. Zusammen mit der -90° Phasendrehung des v/s-Integrators und der Totzeit der Koordinatentransformation ergibt sich ein Phasengang, der bei zu hoher Schleifenverstärkung schnell zu Regelschwingungen führt. Die Verstärkung ist u.a. von der Steifigkeit des Steuerknüppels abhängig, die sich aus der Steifigkeit der Bedienerhand und der Rückholfeder zusammensetzt. Im Leerlauf, d.h. bei nichtberührtem Steuerknüppel ist die Rückführung am empfindlichsten. Für diesen Fall muß stabiles Regelverhalten eingestellt werden.

Alternativ zu der pneumatischen Lösung ist die Krafteinleitung auch elektrisch durch Drehmomentmotore oder motorisch verstellbare Federvorspannung möglich. Die pneumatische Lösung bietet aber −neben der aufwendigeren hydraulischen− das günstigste Verhältnis zwischen Raumbedarf und aufgebrachter Kraft.

Ausgehend von Erfahrungen mit der Kraftgegenkopplung und einem einachsigen Steuerknüppel mit elektromotorischer Kraftrückführung wurde der in Bild 5-5 dargestellte, dreiachsige Steuerknüppel mit integrierter pneumatischer Kraftrückführung entwickelt und realisiert. Um die Bewegung des Handgriffs in Vertikalrichtung zu erleichtern, ist eine Handauflage angebracht, auf der der Bediener sein Handgelenk abstützen kann.

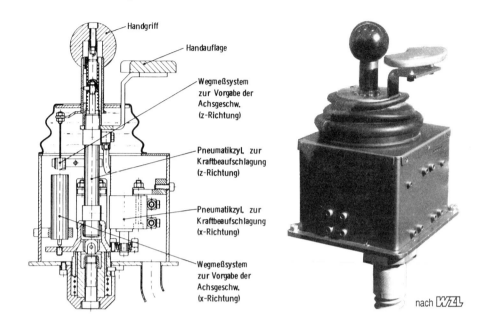

Bild 5-5: dreiachsiger Steuerknüppel mit integrierter Kraftrückführung

Die Auslenkung des Steuerknüppels wird über induktive Wegaufnehmer (LVDT) gemessen. Zur Kraftrückführung werden doppeltwirkende Pneumatikzylinder eingesetzt. Die Pneumatik-Proportionalventile sind bei der vorliegenden Version aus räumlichen Gründen außerhalb des Steuerknüppelgehäuses montiert.

Der dreiachsige Steuerknüppel mit integrierter Kraftrückführung wird u.a. beim sensorgeführten Gußputzen eingesetzt /22/. Die mechanische Kraftrückführung vermittelt dem Bediener ein deutliches Gefühl für die auftretenden Prozeßkräfte. Verglichen mit der Kraftgegenkopplung nach Bild 5-2 ist eine etwas größere Reaktionsträgheit festzustellen. Sie ist auf das Luftvolumen zwischen den Pneumatikzylindern und den Proportionalventilen zurückzuführen und kann durch einen kompakteren Aufbau und kürzere Verbindungsschläuche oder auch durch Hydraulikeinsatz noch verringert werden.

6. Mobile Bediengeräte zur Bewegungsführung

Bei der Bewegungsführung großer Roboter (z.B. Portalroboter) muß der Programmierer sich in der Nähe der Roboterhand aufhalten, um Details besser zu erkennen. Raumfest montierte Bedienelemente sind in diesem Fall nicht zu verwenden. Mobile Bediengeräte mit Steuerknüppeln (wie z.B. nach Bild 2-10d) oder Kraft-Momenten-Sensoren, die vom Programmierer mitgeführt werden, aber haben keinen festen Bezug zum Koordinatensystem des Roboters. Dies kann zur Irritation und sogar zur Gefährdung des Programmierers führen, da sich der Roboter −abhängig von der Ausrichtung des Bediengerätes− unerwartet auf den Programmierer zu bewegen kann.

Falls das Bedienelement am Roboterwerkzeug befestigt wird und die Bewegungsvorgaben von der Steuerung in Werkzeugkoordinaten ausgeführt werden, besteht dieses Problem nicht. Diese Lösung ist allerdings nicht immer praktikabel, weil das Roboterwerkzeug bei weiträumigen Bewegungen über Hindernisse oder Arbeiten an engen Stellen oft außerhalb der Reichweite des Programmierers liegt.

Bei mobilen Bediengeräten muß für den Programmierer der logische Zusammenhang zwischen der Betätigungsrichtung des Bedienelements und

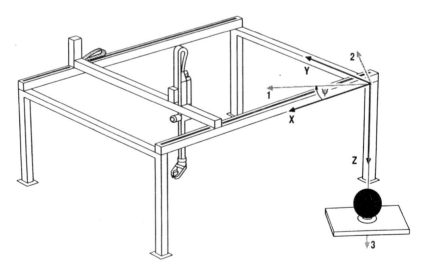

Bild 6-1: Transformation von Bedienfeldkoordinaten in Basiskoordinaten

der Bewegungsrichtung des Roboters wiederhergestellt werden. Dazu sind die Signale des Bedienelements einer Koordinatentransformation bezüglich der Drehung ψ um die Vertikalachse zu unterziehen (<u>Bild 6-1</u>). Eine Korrektur um die beiden horizontalen Achsen ist nicht erforderlich, da der Programmierer ein mobiles Bediengerät durch sein Schwerkraftempfinden von sich aus horizontal hält.

Wenn die Orientierung ψ des mobilen Bediengerätes gegenüber der Referenzrichtung des Roboter-Koordinatensystems bekannt ist und als Bedienelement z.B. die sechsachsige Sensorkugel nach Bild 4-6 eingesetzt wird, lassen sich die Kräfte F_1-F_3 und die Momente M_1-M_3 über die Koordinatentransformation (Gl. 6-1)

$$\begin{pmatrix} F_X \\ F_Y \\ F_Z \end{pmatrix} = \begin{pmatrix} \cos\psi & -\sin\psi & 0 \\ \sin\psi & \cos\psi & 0 \\ 0 & 0 & 1 \end{pmatrix} \cdot \begin{pmatrix} F_1 \\ F_2 \\ F_3 \end{pmatrix}, \quad \begin{pmatrix} M_X \\ M_Y \\ M_Z \end{pmatrix} = \begin{pmatrix} \cos\psi & -\sin\psi & 0 \\ \sin\psi & \cos\psi & 0 \\ 0 & 0 & 1 \end{pmatrix} \cdot \begin{pmatrix} M_1 \\ M_2 \\ M_3 \end{pmatrix} \quad \text{Gl. 6.1}$$

in die raumfesten Werte F_X-F_Z und M_X-M_Z überführen.

6.1 Verfahren zur berührungslosen Orientierungserfassung

Das Hauptproblem bei der Realisierung eines mobilen, orientierungsneutralen Bediengerätes liegt in der berührungslosen Erfassung der Geräteorientierung, d.h. der Ausrichtung gegenüber dem Koordinatensystem des Roboters. Eine Lösungsmöglichkeit besteht darin, die aktuelle Orientierung durch Aufsummierung aller Drehungen relativ zu einer einmal bekannten Referenzrichtung zu bestimmen. Die Drehungen können autark, ohne Verbindungen zu Bezugspunkten durch ein Kreiselsystem erfaßt werden. Eine weitere Möglichkeit ist der Einsatz von Verfahren, die sich auf raumfeste Felder (z.B. magnetische oder elektromagnetische Felder) stützen.

Die folgenden Abschnitte beschreiben verschiedene Verfahren zur berührungslosen Orientierungserfassung, die vor der Realisierung eines mobilen Bediengerätes untersucht wurden.

6.1.1 Kreiselsysteme

Der kardanisch gelagerte Kreisel (<u>Bild 6-2a</u>) mit dem Massenträgheitsmoment J und der Winkelgeschwindigkeit $\vec{\omega}$ ist bestrebt, seinen Drehimpuls

$$\vec{L} = J \cdot \vec{\omega} \qquad \text{Gl. 6.2}$$

nach Betrag und Richtung zu erhalten; er wird deshalb auch als *richtungshaltender Kreisel* bezeichnet. Zum Drehimpuls des Kreisels addieren sich allerdings im Laufe der Zeit Stör-Drehimpulse (z.B. durch die Reibung der Lager des Kardanrahmens). Deshalb driftet der Kreisel langsam aus seiner Richtung. Um die Driftrate gering zu halten, muß der Kreisel bei kleiner Reibung der Kardanlager einen großen Drehimpuls besitzen /30/.

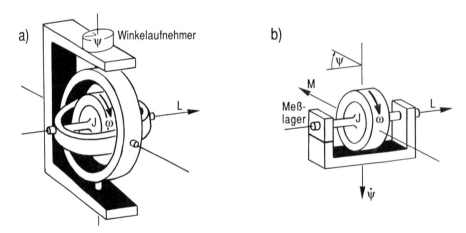

Bild 6-2: Trägheitskreisel

Der richtungshaltende Kreisel kann als Lagereferenz eines orientierungsneutralen Bediengerätes eingesetzt werden. In diesem Fall werden die Drehungen des Bedienfeldes gegen die Referenzrichtung durch einen Winkelaufnehmer am äußeren Kardanrahmen erfaßt. Weil der Kreisel seine Lage nicht beliebig lange einhält, muß das Bediengerät nach einiger Zeit in definierter Lage zum Roboter neu referiert werden. Dabei sollte die Kreiselachse parallel zur Erdachse ausgerichtet werden, um den Einfluß der Erddrehrate von 15°/Stunde auszuschalten.

Sogenannte *nordsuchende Kreisel* sind so gelagert, daß der Schwerpunkt des inneren Kardanrahmens unterhalb des Kreiselschwerpunkts liegt und die Kreiselachse durch die Gravitation in die Horizontale gezwungen wird. Das horizontierende Moment und die Erddrehung verursachen eine Präzessionsbewegung, die den Kreisel nach Norden ausrichtet (Kreiselkompaß) /31/. Für den Einbau in ein mobiles Bediengerät ist ein System dieser Kategorie aus Raum- und Gewichtsgründen allerdings ungeeignet. Die mit den kleineren und leichteren richtungshaltenden Kreiselsystemen erreichbaren Driftraten liegen unter 60°/Stunde und sind ausreichend, wenn in Abständen von ca. 15 Minuten neu referiert wird.

Im Gegensatz zu richtungshaltenden Kreiseln sind die Lager *gefesselter Kreisel* starr mit einer Plattform verbunden (<u>Bild 6-2b</u>). Wird diese mit der Drehrate $\dot{\psi}$ orthogonal zur Kreiselachse gedreht, so reagiert der Kreisel darauf mit dem Moment

$$\vec{M} = \vec{L} \times \dot{\vec{\psi}} \quad , \qquad \text{Gl. 6.3}$$

das z.B. über die Lagerbelastung erfaßt werden kann. Bei bekanntem Drehimpuls L ergibt sich der gegenüber der Referenzrichtung zurückgelegte Winkel ψ durch zeitliche Integration des Reaktionsmoments vom Referenzzeitpunkt an. Dabei kann ein Kreisel Drehungen um zwei Achsen erfassen, die orthogonal zur Kreiselachse liegen. Hochempfindliche gefesselte Kreisel sind in der Lage, Bruchteile der Erddrehrate zu messen. Allerdings sind diese Kreisel auch sehr empfindlich gegenüber mechanischen Überlastungen, vor allem gegen Überschreitung der maximal zulässigen Drehraten.

Wesentlich robuster als die aufgeführten Trägheitskreisel sind sogenannte *Faserkreisel*, deren Funktionsprinzip <u>Bild 6-3</u> veranschaulicht:

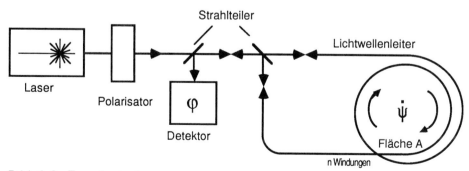

<u>Bild 6-3</u>: Faserkreisel

Koheräntes Licht einer Laserdiode wird über Strahlteiler in die Enden einer optischen Faser eingekoppelt, die mit m Windungen auf eine Spule der Querschnittsfläche A gewickelt ist. Bei Rotation um die Längsachse der Spule erreicht die in Drehrichtung umlaufende Welle den Detektor vor der gegenläufigen Welle. Aus den unterschiedlichen Laufzeiten resultiert eine Phasenverschiebung $\Delta\varphi$, die der Drehrate $\dot{\psi}$ proportional ist:

$$\Delta\varphi = \frac{8 \cdot \pi \cdot m \cdot A}{\lambda \cdot c} \cdot \dot{\psi} \qquad \begin{array}{l} \lambda: \text{Wellenlänge} \\ c: \text{Lichtgeschwindigkeit} \end{array} \qquad \text{Gl. 6-4}$$

Wie der gefesselte Kreisel ist auch der Faserkreisel ein Sensor zur Messung der Drehrate. Der zurückgelegte Winkel ψ ergibt sich durch zeitliche Integration der Drehrate $\dot{\psi}$. /32/

6.1.2 Erdmagnetfeld

Das raumfeste Erdmagnetfeld bietet eine einfache Möglichkeit, berührungslos Orientierungen im Raum zu erfassen. Jeder Magnetkompaß stützt sich auf dieses Feld, das sich um den gesamten Erdball erstreckt. Allerdings ist das Erdmagnetfeld räumlich begrenzten Störungen unterworfen. Betrag und Richtung des Feldes können elektronisch gemessen werden.

6.1.2.1 Ausbreitung

Das Magnetfeld der Erde gleicht dem Feld eines Stabmagneten dessen Achse windschief zur Erdrotationsachse liegt (Bild 6-4). Eine frei bewegliche Magnetnadel richtet sich parallel zu den magnetischen Feldlinien aus, die meist nicht tangential zur Erdoberfläche verlaufen, sondern um den Inklinationswinkel i gegen die Horizontale geneigt sind. Der Inklinationswinkel steigt von 0° am magnetischen Äquator bis auf 90° an den magnetischen Erdpolen; in Mitteleuropa beträgt er 60°- 70°. Entlang des magnetischen Äquators ist das Erdmagnetfeld am schwächsten, an den Magnetpolen am stärksten. In Mitteleuropa wird eine magnetische Flußdichte B von ca. 26µT (1 Tesla = 1 V·s/m²) gemessen.

Die magnetische Flußdichte $\vec{B}$ kann in einen horizontalen Anteil $\vec{B}_h$ und einen vertikalen Anteil $\vec{B}_v$ zerlegt werden. Die Richtung von $\vec{B}_h$ wird

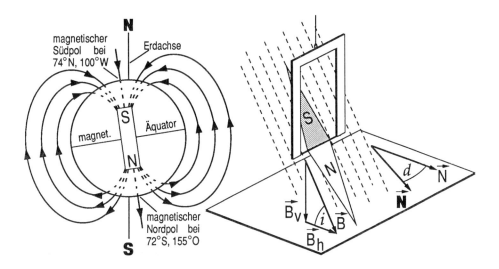

Bild 6-4: Erdmagnetfeld

auch als magnetische Nordrichtung bezeichnet. Der Deklinationswinkel d, die sogenannte Mißweisung, ist die Abweichung zwischen der magnetischen Nordrichtung $\vec{N}$ und der geographischen Nordrichtung $\vec{N}$; in Mitteleuropa liegt d zwischen 0° und 4° West, d. h. der Nordpol der Magnetnadel zeigt etwas zu weit nach Westen.

Stärke und Richtung des Erdmagnetfeldes unterliegen nicht nur örtlichen, sondern auch langfristigen zeitlichen Änderungen; der Deklinationswinkel in Europa z.B. ändert sich jährlich um einen Betrag in der Größenordnung von 0,1°. Für den vorliegenden Anwendungsfall kann das Erdmagnetfeld aber als zeitlich konstant angesehen werden.

6.1.2.2 Berechnung und Messung

Ein Magnetkompaß nutzt nur die Horizontalkomponente $\vec{B}_h$ des Erdmagnetfeldes, denn die Magnetnadel ist so gelagert, daß sie durch die Gravitation gegen den Einfluß von $\vec{B}_v$ waagerecht und durch $\vec{B}_h$ in Richtung der magnetischen Erdpole ausgerichtet wird. Genaugenommen stützt sich ein Magnetkompaß also auf das Erdmagnet- und das Erdschwerefeld. Zu den Erdmagnetpolen hin nimmt der Anteil der Horizontalkomponente am Gesamtbetrag mit cos i ab. Diese Abnahme wird teilweise dadurch ausgeglichen, daß die Flußdichte zu den Polen hin ansteigt.

Zur Auswertung kann die Richtung der Magnetnadel berührungslos (z.B. optisch) erfaßt werden. Stärke und Richtung des Erdmagnetfeldes lassen sich elektronisch aber auch direkt messen. Dazu werden zwei horizontal ausgerichtete Magnetfeldsensoren benutzt, deren Meßrichtungen senkrecht zueinander stehen. Aus den Meßwerten B_1 und B_2 ergibt sich der Winkel α der Sensorplattform gegenüber der magnetischen Nodrichtung $\vec{N}$ nach <u>Bild 6-5</u>:

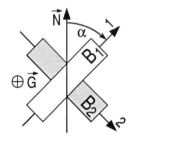

$$\cos \alpha = \frac{B_1}{|\vec{B}_h|} \qquad \text{Gl.6-5}$$

$$\sin \alpha = \frac{B_2}{|\vec{B}_h|} \qquad \text{Gl.6-6}$$

mit

$$|\vec{B}_h| = \sqrt{B_1^2 + B_2^2} \qquad \text{Gl.6-7}$$

<u>Bild 6-5</u>: Orientierungserfassung über Magnetsonden

Voraussetzung für eine exakte Erfassung Plattformorientierung ist, daß beide Sensoren die gleiche Meßempfindlichkeit besitzen und keinen Nullpunktfehler haben. Andernfalls entsteht ein Winkelfehler $\delta_{(\alpha)}$ (Deviation), der mit der Drehung der Sensorplattform variiert. Außerdem muß die Sensorplattform oberhalb ihres Schwerpunktes gelagert werden, so daß sie durch die Schwerkraft $\vec{G}$ horizontiert wird.

Bei starrer Montage der Sensoren an einem Rahmen, der um seine Roll-, Nick- und Gierachse gedreht wird, sind dreidimensionale Messungen des Magnetfeldes und der Schwerkraft erforderlich. Aus den Meßwerten $\vec{B} = (B_1, B_2, B_3)$ und $\vec{G} = (G_1, G_2, G_3)$ lassen sich dann der normierte (magnetische) Ostvektor $\vec{O} = (O_1, O_2, O_3)$ und der normierte Nordvektor $\vec{N} = (N_1, N_2, N_3)$ in den kartesischen Koordinaten 1,2,3 des Rahmens berechnen (<u>Bild 6-6</u>):

Das Vektorprodukt $\vec{G} \times \vec{B}$ ergibt definitionsgemäß einen Zeiger, der senkrecht auf der durch $\vec{G}$ und $\vec{B}$ aufgespannten Ebene steht und mit $\vec{G}$ und $\vec{B}$

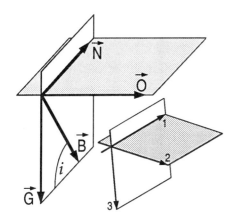

$$\vec{O} = \frac{\vec{G} \times \vec{B}}{|\vec{G} \times \vec{B}|} = \frac{\vec{G} \times \vec{B}}{|\vec{G}| \cdot |\vec{B}| \cdot \cos i} \qquad \text{Gl.6-8}$$

$$\vec{N} = \frac{\vec{O} \times \vec{G}}{|\vec{O} \times \vec{G}|} = \vec{O} \times \frac{\vec{G}}{|\vec{G}|} \qquad \text{Gl.6-9}$$

mit

$$|\vec{G}| = \sqrt{G_1^2 + G_2^2 + G_3^2} = g \approx 9{,}81 \tfrac{m}{s^2} \qquad \text{Gl.6-10}$$

$$|\vec{B}| = \sqrt{B_1^2 + B_2^2 + B_3^2} \approx 26\,\mu T \qquad \text{Gl.6-11}$$

Bild 6-6: Berechnung des magnetischen Nord- und Ostvektors aus 3-D-Messungen des Erdmagnetfeldes und des Erdschwerefeldes

ein rechtshändiges System bildet. Die vertikale $\vec{G} \times \vec{B}$-Ebene ist nach Norden gerichtet; der Zeiger weist somit von West nach Ost. Division durch den Betrag ergibt den normierten Ostvektor $\vec{O}$. Schließlich wird $\vec{N}$ durch vektorielle Multiplikation mit dem normierten Gravitationsvektor $\vec{G}/|\vec{G}|$ berechnet.

Die horizontale Ausrichtung des Rahmens gegenüber dem Erdmagnetfeld ist der Winkel α zwischen der Nordrichtung $\vec{N}$ und der auf die Nord-Ost-Ebene gefällten Bezugsachse (im folgenden der 1. Koordinatenachse) des Rahmens (Bild 6-7). Zur Berechnung wird der Einheitsvektor (1,0,0) der Bezugsachse durch skalare Multiplikation mit $\vec{N}$ bzw. $\vec{O}$ in seine Nord-

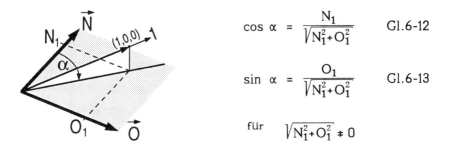

$$\cos \alpha = \frac{N_1}{\sqrt{N_1^2 + O_1^2}} \qquad \text{Gl.6-12}$$

$$\sin \alpha = \frac{O_1}{\sqrt{N_1^2 + O_1^2}} \qquad \text{Gl.6-13}$$

für $\sqrt{N_1^2 + O_1^2} \neq 0$

Bild 6-7: Berechnung des Horizontalwinkels zur Nordrichtung

und Ost-Komponenten N_1 und O_1 zerlegt; nach Gl.6-12 bzw. 6-13 läßt sich daraus der Winkel α bestimmen. Voraussetzung ist, daß die Koordinatenachse 1 eine horizontale Komponente hat bzw. nicht senkrecht steht.

In <u>Bild 6-8</u> ist der Betrag des Erdmagnetfeldes in eine Skala magnetischer Flußdichten eingeordnet, die sich über zehn Dekaden erstreckt. Die gesamte Skala ist mit zwei Meßprinzipien zu erfassen: *Magnetoresistive Sensoren* und *Hallsonden* nutzen die Lorentz-Kraft, die das Magnetfeld auf bewegte Ladungsträger ausübt. Sie decken den oberen Teil der Skala ab; zur Messung des Erdmagnetfeldes sind sie noch einsetzbar, wenn keine zu große Genauigkeit gefordert wird. *Förstersonden* erfassen die vom Magnetfeld verursachte Unsymmetrie der Sättigung magnetischer Werkstoffe. Bei hoher Genauigkeit lassen sich mit ihnen noch kleinste Magnetfelder messen. /33/

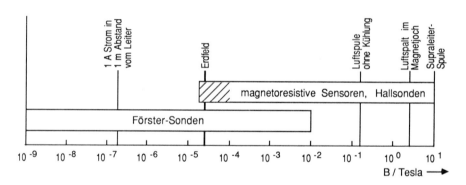

<u>Bild 6-8</u>: Skala magnetischer Flußdichten

Den Aufbau einer Hallsonde verdeutlicht <u>Bild 6-9</u>: Ein leitfähiges Plättchen der Dicke d wird in Längsrichtung von einem Strom I durchflossen und senkrecht von einem Magnetfeld $\vec{B}$ durchsetzt. Dabei entsteht zwischen zwei gegenüberliegenden Punkten der Längskanten die Hall-Spannung U_H.

Die Hall-Konstante R_H ist vom Material des Plättchens abhängig. An einer 0,1 mm dicken Schicht Indiumarsenid (InAs) entsteht bei I = 100 mA und B = 1 T eine Hall-Spannung von ca. 100 mV; das Erdmagnetfeld würde 2,6 μV erzeugen. Hallsonden mit dünneren, aufgedampften Schichten geben um eine Größenordnung höhere Spannungen ab; die erhöhte Strom-

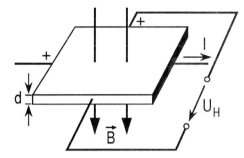

Bild 6-9: Hallsonde

$$U_H = \frac{R_H}{d} \cdot I \cdot B \qquad \text{Gl.6-14}$$

dichte führt aber auch zu einer stärkeren Eigenerwärmung und damit verbundener Temperaturdrift.

Ursache der Hall-Spannung ist die Lorentz-Kraft, die bewegte Ladungsträger senkrecht zum Magnetfeld und zur Bewegungsrichtung ablenkt, und so die Potentialdifferenz U_H erzeugt. Die Ablenkung der Ladungsträger aus ihrer Flußrichtung verlängert aber auch den Strompfad und erhöht den Widerstand. Diesen Effekt nutzen magnetoresistive Sensoren (MRS). Bild 6-10 zeigt die Richtung des Stromflusses in einem MRS unter Einwirkung eines sich verstärkenden Magnetfeldes $\vec{B}$.

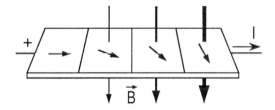

Bild 6-10:
Magnetoresistiver Sensor (MRS)

Die maximale Widerstandszunahme ergibt sich, wenn das Magnetfeld senkrecht zur Stromrichtung steht. Bei Umpolung des Magnetfeldes aber bleibt der Widerstand gleich, d.h. einfache MRS können die Richtung des Magnetfeldes nur im Bereich bis 180° messen.

Durch eine integrierte permanent-magnetische Vorspannung, die größer ist als das stärkste zu erfassende Magnetfeld, wird die Messung eindeutig. Ohne Magnetfeld stellt sich ein mittlerer Widerstandswert ein; positive Magnetfelder vergrößern, negative verkleinern den Widerstand. Außerdem werden vier MRS zu einer Vollbrücke verschaltet, so daß sich ohne äußeres Magnetfeld keine Brückenspannung einstellt. Mit maximal 2V/T sind MRS-Brücken etwas empfindlicher als Hallsonden; das Erdmagnetfeld würde eine Brückenspannung von 52 μV erzeugen.

Bei der Messung schwacher Magnetfelder wird die Genauigkeit der MRS-Brücke wie auch der Hallsonde nicht durch die geringe Signalspannung sondern durch die starke Temperaturdrift begrenzt. Spannungen im Mikrovoltbereich lassen sich fast driftfrei verstärken und zur weiteren Verarbeitung in einem Mikroprozessorsystem digitalisieren. Die Temperaturdrift aber erzeugt eine Störsignal, das bei der Messung des Erdmagnetfeldes in der Größenordnung des Nutzsignals liegt. Der Einsatz von MRS-Brücken bzw. Hallsonden zur Messung des Erdmagnetfeldes erfordert deshalb zusätzliche schaltungstechnische Maßnahmen.

Demgegenüber hat die nach ihrem Erfinder benannte Förster-Sonde /34/ eine um fünf Größenordnungen kleinere Temperaturdrift; grundsätzlich ist zum Betrieb allerdings ein erhöhter schaltungstechnischer Aufwand erforderlich. Wesentlicher Bestandteil der Sonde sind zwei parallel ausgerichtete Eisenkerne (a,b) hoher Permeabilität, d.h. guter magnetischer Leitfähigkeit (Bild 6-11). Durch die hohe Permeabilität konzentriert sich

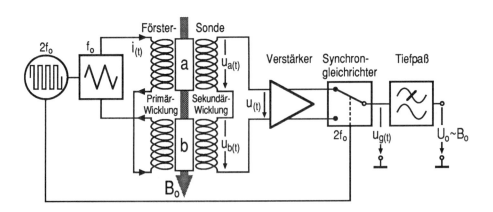

Bild 6-11: Förster-Sonde

der magnetische Fluß im Inneren der Kerne, d.h. ein äußeres Feld B_0 erzeugt im Eisen die Flußdichte B_e, die wesentlich größer ist als B_0 in der freien Umgebung.

Jeder Kern trägt eine Primär- und eine Sekundärwicklung. Ein Wechselstrom $i_{(t)}$ der Frequenz f_0 durch die gegenphasig geschalteten Primärwicklungen erzeugt die Feldstärke $H_{(t)}$, die das Kernmaterial bis in die positive bzw. negative magnetische Sättigung $\pm\hat{B}$ aussteuert. Durch die Flußdichteänderungen $\dot{B}_{(t)}$ werden in den beiden Sekundärwicklungen gegenphasige Spannungen $u_{a(t)}$ und $u_{b(t)}$ induziert, die sich durch die Serienschaltung der Wicklungen aufheben (Bild 6-12, durchgezogene Linien).

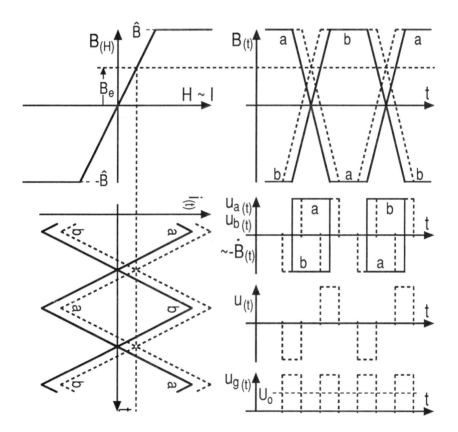

Bild 6-12: Funktionsweise der Förstersonde

Ein äußeres Magnetfeld B_0, das beide Kerne durchsetzt, verschiebt die Aussteuerung um B_e, so daß ein Kern die magnetische Sättigung etwas früher erreicht als der andere (Bild 6-12, gestrichelte Linien). Infolgedessen verschieben sich auch die in den Sekundärwicklungen induzierten Spannungsimpulse. Als deren Summe erscheint ausgangsseitig bei jedem

Durchfahren der Magnetisierungskurve ein positiver und ein negativer Impuls. Die so entstandene Impulsfolge $u_{(t)}$ mit der Frequenz $2f_0$ liegt symmetrisch zum Nulldurchgang des austeuernden Wechselstroms $i_{(t)}$. Der Synchrongleichrichter in Bild 6-11 schaltet mit der Frequenz $2f_0$ im Nulldurchgang und in der Spitze des Wechselstroms und setzt die verstärkte Ausgangsspannung der Sonde in eine Folge von Impulsen gleicher Polarität $u_{g(t)}$ um. Der Tiefpaß filtert daraus die zur Meßgröße B_0 proportionale Gleichspannung U_0.

Als Maß für B_0 kann auch der zeitliche Versatz der in den Sekundärwicklungen induzierten Impulse herangezogen werden. Bei Auszählung des Zeitversatzes mit Impulsen, deren Frequenz ein Vielfaches von f_0 ist, liegt das Meßergebnis direkt in digitaler Form vor.

Für die Funktion der Förster-Sonde ist es gleichgültig, ob die beiden Magnetkerne in einer Linie hintereinander oder parallel nebeneinander (Bild 6-13 a) liegen. Indem die beiden Magnetkerne zu einem Ring geschlossen werden, entsteht die Rinkernsonde (b).

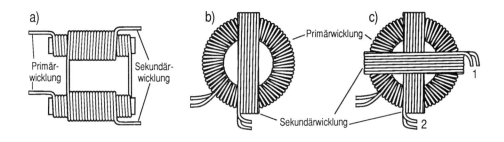

Bild 6-13: Entwicklung der Förstersonde zum 2D-Magnetometer

Der magnetische Fluß konzentriert sich hier im Inneren eines Toroids aus hochpermeablem Material. Das äußere Feld B_0 verursacht im Kern die Flußdichte B_e. Die Primärwicklung erzeugt ein ringförmiges, magnetisches Wechselfeld $B_{(t)}$, das durch B_e in den beiden Ringkernhälften gegensätzlich beeinflußt wird (Bild 6-14). Wie bei der Förstersonde wird das Kernmaterial dadurch in einer Hälfte etwas früher gesättigt, so daß in der Sekundärwicklung, die beide Hälften umschließt, die Impulsfolge $u_{(t)}$ induziert wird. Die Auswerteschaltung entspricht Bild 6-11.

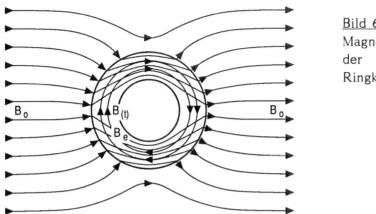

Bild 6-14:
Magnetfeld der Ringkernsonde

Durch Ergänzung um eine zweite Sekundärwicklung läßt sich die Ringkernsonde sehr einfach zum 2D-Magnetometer erweitern (Bild 6-13c).

6.1.2.3 Störeinflüsse und Kompensationsmaßnahmen

Betrag und Richtung des Erdmagnetfeldes sind nicht nur globalen, sondern auch regionalen und örtlichen Schwankungen unterworfen. Ursachen sind elektrische Ströme sowie Konzentrationen hart- und weichmagnetischer Materialien.

Ein einzelner langgestreckter elektrischer Leiter, der einen Strom von 100 A führt, erzeugt in 1 m Abstand eine magnetische Flußdichte von 20µT. Außerhalb des Leiters nimmt die Flußdichte mit dem Kehrwert des Abstandes (~1/r) ab. Wenn die Rückleitung des Stroms, wie üblich, im gleichen Kabel geführt wird, heben sich die Magnetfelder beider Leiter annähernd auf. Das Restfeld ist um so schwächer, je näher die Leiter nebeneinander liegen; für r»a nimmt es mit a/r^2 ab (a: Leiterabstand, r: Abstand vom Kabel). Die magnetisch Flußdichte einer 100 A Doppelleitung (a=2cm) z.B. liegt in 1m Abstand nur noch bei 0,4µT. Noch geringere Felder haben Dreileitersysteme. Ideal hinsichtlich der Abschirmung magnetischer Störungen sind koaxiale Leiter.

Wesentlich stärkere Störungen verursachen die magnetischen Streufelder elektrischer Maschinen. Neben dem Gleichanteil enthalten die Spektren der Streufelder meist die Netzfrequenz von 50 Hz und deren Harmonische bis weit in den Kilohertz-Bereich, auf die die beschriebenen Meßverfahren reagieren. Eine Hülle aus elektrisch gut leitendem, aber magnetisch neutralem Material (Kupfer, Aluminium) um die Magnetfeldsensoren läßt das magnetische Gleichfeld unbeeinflußt passieren, das Wechselfeld aber wird durch elektrische Wirbelströme in der leitenden Umhüllung stark gedämpft. Um auch die 50 Hz-Komponente ausreichend abzuhalten, müßte eine elektromagnetische Abschirmung aus Kupfer allerdings dicker als 1 cm sein. Beim Einbau eines Magnetometers in ein mobiles Bediengerät werden niederfrequente Störsignale deshalb besser durch einen zusätzlichen, ausgangsseitigen Tiefpaß unterdrückt. Grenzfrequenz und Signal-Anstiegszeit müssen dabei so bemessen werden, daß Störungen ausreichend gedämpft, schnelle Drehungen des Bediengerätes aber noch ohne merkliche Verzögerung erfaßt werden. Für die vorliegende Anwendung kann z.B. ein 10 Hz Bessel-Tiefpaß vierter Ordnung eingesetzt werden.

Der Gleichanteil eines magnetischen Streufeldes ist meßtechnisch nicht vom Erdmagnetfeld zu unterscheiden. Eine Umhüllung der Störquelle mit hochpermeablem Material schirmt zwar das Streufeld ab, verzerrt aber auch das Erdmagnetfeld.

Störungen des Erdmagnetfeldes sind schon auf die alleinige Anwesenheit von Materialien zurückzuführen, deren Permeabilitätszahl μ_r sich von der des freien Raums unterscheidet. Ein ursprünglich homogenes Feld wird durch einen Eisenkörper sehr stark verformt (<u>Bild 6-15</u>). Die hohe Perme-

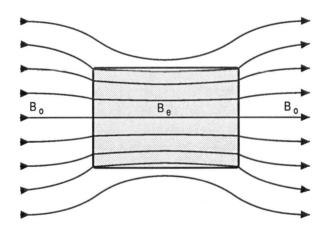

Bild 6-15:
Verformung eines homogenen Magnetfeldes durch einen hochpermeablen Körper

abilität des ferromagnetischen Materials bewirkt, daß die Feldlinien zum Körper hin abgelenkt werden und sehr steil auf dessen Oberfläche auftreffen /35/. Durch das äußere Feld werden in dem Körper Magnetpole influenziert. Das verzerrte Feld läßt sich auch als Überlagerung des homogenen Erdmagnetfeldes mit dem Feld des magnetisierten Körpers auffassen. Wird die Magnetisierung durch ein gegensätzliches Feld gleicher Polstärke (z.B. eines Permanentmagneten oder einer Magnetspule) kompensiert, so verschwinden auch die Feldverzerrungen.

Im Gegensatz zu weichmagnetischen Materialien behalten hartmagnetische Körper einen Teil ihrer Magnetisierung auch nach Wegfall des magnetisierenden Feldes. Die Feldbeeinflussung durch eine Werkzeugmaschine z.B., die aus vielen hartmagnetischen Komponenten besteht, hängt deshalb auch von deren Aufstellrichtung relativ zum Erdmagnetfeld ab. Zur Beseitigung der Feldstörungen müßten zunächst die hartmagnetischen Teile entmagnetisiert werden; danach könnte die vom Erdmagnetfeld hervorgerufene Magnetisierung kompensiert werden.

Für die vorliegende Anwendung müssen Entstörmaßnahmen immer dann durchgeführt werden, wenn die Richtungsinhomogenität im Arbeitsraum des Roboters ±10° wesentlich überschreitet (s. Abschnitt 4.2). Falls dies nicht möglich ist, kann das Erdmagnetfeld immer noch als örtlich und evtl. zeitlich begrenzte Richtungsreferenz benutzt werden. Voraussetzung ist, daß der Programmierer die Mißweisung bei Ortsveränderungen neu kompensiert. Dazu richtet er das Bediengerät bzw. die darin befindliche Magnetsonde kurz in Referenzrichtung aus (in Bild 6-1 ist dies die X-Richtung) und speichert durch Tastendruck die aus den Messungen errechneten Werte $\sin\alpha_0$ und $\cos\alpha_0$ (Gl.6-5, 6-6 bzw. Gl.6-12, 6-13). α_0 ist der Horizontalwinkel der Referenzrichtung gegenüber dem Erdmagnetfeld. Dieser Wert wird gespeichert und als Korrekturkonstante benutzt bis er durch erneutes Referieren aktualisiert wird. Der Verdrehwinkel ψ des Bediengerätes gegenüber der Referenzrichtung ergibt sich aus den danach gemessenen Winkeln α durch Subtraktion von α:

$$\psi = \alpha - \alpha_0 \qquad \text{Gl. 6-15}$$

Über die Additionstheoreme der Winkelfunktionen kann diese Beziehung umgewandelt und in Matrixschreibweise dargestellt werden (Gl. 6-16):

$$\begin{pmatrix} \cos\psi \\ \sin\psi \end{pmatrix} = \begin{pmatrix} \cos\alpha_0 & \sin\alpha_0 \\ -\sin\alpha_0 & \cos\alpha_0 \end{pmatrix} \cdot \begin{pmatrix} \cos\alpha \\ \sin\alpha \end{pmatrix} \qquad \text{Gl. 6-16}$$

Diese Form ist meist günstiger, weil die Winkel nicht explizit berechnet werden müssen und für die Koordinatentransformation (Gl.6-1) die Terme $\cos\psi$ und $\sin\psi$ benötigt werden.

6.1.3 Induktive Verfahren

<u>Bild 6-16</u> veranschaulicht eine weiteres Verfahren zur berührungslosen Orientierungserfassung: es stützt sich auf ein hochfrequentes, magnetisches Wechselfeld $\vec{B}$, das durch zwei stromdurchflossene Leiterschleifen erzeugt wird und den Arbeitsraum des Roboters, das tragbare Bediengerät und die daran befestigten Kreuzrahmenantenne durchsetzt. Dieses Feld induziert in den zwei orthogonalen Spulen der Kreuzrahmenantenne Wechselspannungen, aus deren Amplitudenverhältnis sich die Orientierung des Bediengerätes gegenüber dem Wechselfeld errechnen läßt.

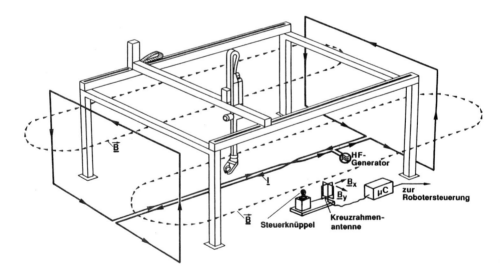

<u>Bild 6-16</u>: induktive Orientierungserfassung

Durch hartmagnetische Körper verursachte statische Störfelder haben keinen Einfluß auf die Winkelmessung, da sie keine Spannungen induzieren.

Auch elektrische Wechselströme bleiben ohne Einfluß, solange sich ihre Frequenz von der des Magnetfeldes unterscheidet. Von Nachteil ist, daß das Magnetfeld künstlich aufgebaut werden muß.

6.1.3.1 Aufbau eines magnetischen Wechselfeldes

Wenn Magnetjoche zur Formung homogener Feldverläufe nicht einsetzbar sind, werden homogene magnetische Felder oft durch sog. Helmholtz-Spulenpaare (Bild 6-17) erzeugt. Das Feld zwischen den beiden Spulen

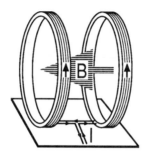

Bild 6-17:
Helmholtz-Spulenpaar

kann in einem eingeschränkten Bereich als homogen angesehen werden. Die Bereichsgrenzen werden durch die Anforderungen an die Homogenität bestimmt. Für die vorliegende Anwendung wird der nutzbare Bereich durch die zulässige horizontale Richtungsabweichung begrenzt, die Betragshomogenität ist ohne Bedeutung. Unter diesen Voraussetzungen kann das Helmholtz-Spulenpaar dem Arbeitsraum eines Roboters angepaßt werden, so daß schließlich die Leiterschleifenanordnung nach Bild 6-16 entsteht.

Zur Berechnung des Magnetfeldes wird die Biot-Savartsche Formel benutzt: Der Flußdichteanteil $d\vec{B}_{(P)}$ im Punkt $P = (x,y,z)$, der durch ein vom Strom I durchflossenes dünnes Leiterelement der Länge $d\vec{s}$ erzeugt wird, ist

$$d\vec{B}_{(P)} = \frac{\mu \cdot I}{4\pi} \cdot \frac{d\vec{s} \times \vec{r}}{r^3} .$$
Gl.6-16

Dabei ist $\vec{r}$ der Abstandsvektor zwischen P und dem Leiterelement. Voraussetzung ist, daß die Permeabilität μ im gesamten Raum konstant ist.

Der Gesamtfluß im Punkt P ergibt sich durch Integration über die geschlossene Leiterlänge L: /35/

$$\vec{B}_{(P)} = \frac{\mu \cdot I}{4\pi} \cdot \oint_L \frac{d\vec{s} \times \vec{r}}{r^3} \qquad Gl.6\text{-}17$$

Im Fall der Leiterschleifen nach Bild 6-16 muß über acht gerade Leiterstücke integriert werden. Das von den Zuführungen verursachte Feld kann vernachlässigt werden, wenn Hin- und Rückleitung dicht beieinander geführt werden. <u>Bild 6-18</u> zeigt einen Schnitt durch den berechneten Feld-

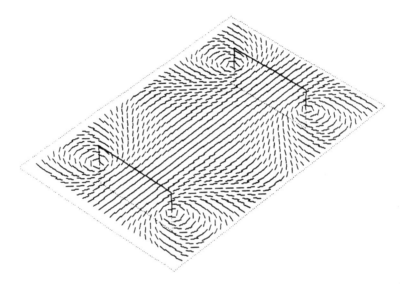

<u>Bild 6-18</u>: Feldverlauf der Leiterschleifenanordnung nach Bild 6-16

verlauf. Das Verhältnis Höhe:Breite:Abstand der Leiterschleifen ist 1:2:4. Die Schnittebene liegt auf halber Höhe der Schleifen, deren untere Hälfte punktiert dargestellt ist. In dieser Ebene hat das Magnetfeld keine Vertikalkomponente.

Die Störungen des Horizontalwinkels werden nur durch die vertikalen Leiterabschnitte verursacht. Sie erzeugen Feldkomponenten, die in der Horizontalebene liegen und Richtungsänderungen des Feldes besonders in der Nähe dieser Leiterabschnitte erzeugen. Die vertikalen Abschnitte sollten deshalb so weit wie möglich vom Arbeitsraum entfernt liegen.

Bild 6-19: Feldverläufe bei Variation der Leiterschleifenabmessungen

Um die von den Abmessungen der Leiterschleifen abhängigen Feldverzerrungen im Arbeitsraum vergleichen zu können, sind in <u>Bild 6-19</u> Berechnungen der Feldverläufe dargestellt, die bei Variation der Breite sowie des gegenseitigen Abstandes der Leiterschleifen zu erwarten sind. Beginnend bei einer Längeneinheit für Breite bzw. Abstand der Leiterschleifen wächst die Breite um eine Einheit je Spalte, der Abstand um eine Einheit je Zeile. Beide Leiterschleifen sind eine Einheit hoch; die Schnittebene der Darstellung liegt auf halber Höhe.

Bild 6-19 zeigt, daß die senkrechten Leiterstücke auf keinen Fall innerhalb des Arbeitsraums liegen sollten, weil in diesem Fall die Feldrichtung alle Werte zwischen $0°$ und $360°$ durchläuft. Außerdem sollten die Abstände der Schleifen nicht zu groß gewählt werden, um die Feldausbuchtungen in Grenzen zu halten. /36/

Zur Erzeugung eines magnetischen Wechselfeldes werden die Leiterschleifen mit einem Wechselstrom gespeist. Im nichtleitenden Raum unterscheidet sich die Form des Wechselfeldes nicht von der des Gleichfeldes, solange die Abmessungen der Leiterschleifen wesentlich kleiner sind als die der Frequenz des Feldes entsprechende Wellenlänge (quasistationäres Feld). Andernfalls wirkt die Anordnung als Sendeantenne, die eine elektromagnetische Welle abstrahlt.

Die Stärke des Magnetfeldes ist von den Abmessungen und dem gegenseitigen Abstand der Leiterschleifen sowie dem Erregerstrom abhängig. Ein Strom von 1 A durch zwei Schleifen von 2,5 m Höhe, 6,5 m Breite und 9,5 m Abstand z.B. erzeugt im Mittelpunkt jeder Schleife ein Feld von $0,35\,\mu T$. Zu den Leitern hin nimmt die Flußdichte zu; zwischen beiden Schleifen sinkt sie auf $0,04\,\mu T$. Zur Abschätzung kann von Werten zwischen 1 nT und $1\,\mu T$ ausgegangen werden. Wechselfelder dieser Größe sind meßtechnisch noch einfach zu erfassen; Rundfunksender erzeugen am Empfangsort wesentlich schwächere Felder.

6.1.3.2 Messung

Zur automatischen Funkpeilung bis 30 MHz werden in der See- und Luftnavigation Kreuzrahmenantennen (<u>Bild 6-20</u>) eingesetzt.

 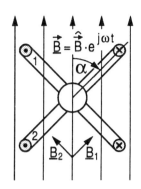

Bild 6-20: Kreuzrahmenantenne

Die in einem Rahmen mit n Windungen induzierte Leerlaufspannung ist

$$\underline{u}_0 = -n \cdot A \cdot \underline{\dot{B}} = -j\omega \cdot n \cdot A \cdot \underline{B} \quad . \qquad \text{Gl.6-18}$$

Dabei ist A der Rahmenquerschnitt und $\underline{B}$ die magnetische Flußdichte, die den Rahmen senkrecht durchsetzt /37/. Die Kreuzrahmenantenne empfängt zwei orthogonale Komponenten $\underline{B}_1$ und $\underline{B}_2$ des magnetischen Wechselfeldes $\vec{\underline{B}}$, aus denen nach Gl.6-5 bis 6-7 der Horizontalwinkel α der Antenne gegenüber $\vec{\underline{B}}$ errechnet werden kann. Voraussetzung ist, daß die Antennenplattform horizontal steht. Die Winkelberechnungen des Abschnitts 6.1.2.2 gelten sinngemäß auch für das magnetische Wechselfeld und die Kreuzrahmenantenne. Zur dreidimensionalen Erfassung des Magnetfeldes kann ein dritter Rahmen senkrecht zu den beiden anderen angeordnet werden.

Normale Kreuzrahmenantennen haben Durchmesser von einigen Dezimetern. Zum Einsatz in einem mobilen Bediengerät für Roboter müssen die Abmessungen miniaturisiert werden. Mit der Rahmenfläche A verkleinern sich dabei allerdings auch die induzierten Spannungen. Die Windungszahl n der Rahmenspulen läßt sich nicht beliebig erhöhen, weil gleichzeitig deren Innenwiderstand steigt und die induzierten Spannungen durch die parasitären Wicklungskapazitäten kurzgeschlossen werden. Außerdem gilt Gl.6-18 nur, solange die Gesamtwindungslänge (Windungszahl·Rahmenumfang) wesentlich kleiner als die Wellenlänge der empfangenen Frequenz ist.

Um dem Spannungseinbruch bei Verkleinerung der Rahmenfläche entgegenzuwirken, können die Spulen auf einen Ferritkern gewickelt werden.

Ferritmaterialien vereinigen eine hohe Permeabilitätszahl μ_r mit geringer Leitfähigkeit; sie konzentrieren das Magnetfeld (ähnlich Bild 6-15) im Material, haben aber weit geringere Wirbelstromverluste als massive Eisenkerne.

Der Ferritstab einer Ferritantenne (Bild 6-21) erhöht die induzierte Spannung um den Faktor k. Die Feldkonzentration $k = \underline{B}_e / \underline{B}_0$ wächst mit dem Schlankheitsgrad l/d des Stabs bis zur Permeabilitätszahl μ_r des Ferritmaterials. In einem langen Stab längs zur Feldrichtung erreicht die Flußdichte $\underline{B}_e$ das μ_r-fache des äußeren Wertes $\underline{B}_0$. Entscheidend für den aufgenommenen magnetischen Fluß einer Ferritantenne ist das Produkt $k \cdot A$. Eine Querschnittsverkleinerung kann (in Grenzen) durch Konzentration der Flußdichte kompensiert werden. Dazu ist allerdings eine bestimmte Stablänge erforderlich.

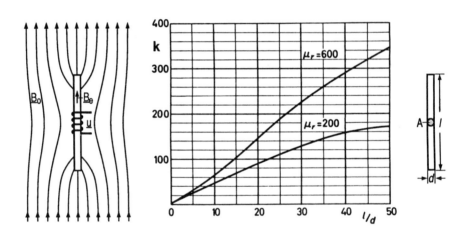

Bild 6-21: Feldkonzentration in einer Ferritantenne

Für eine 2-D oder 3-D Ferritantenne können zwei bzw. drei senkrecht gekreuzte Stäbe mittig zusammengesetzt werden. Hinsichtlich des Platzbedarfs ist es allerdings meistens günstiger, die Spulen auf eine Ferritkugel zu wickeln. Unabhängig vom Durchmesser konzentriert die Kugel das Feld zwar nur um

$$k_{Kugel} = \frac{3 \cdot \mu_r}{\mu_r + 2} \approx 3 \quad (\text{für } \mu_r \gg 1) \quad , \qquad \text{Gl.6-18}$$

dafür ist die Spulenfläche aber größer als bei einem schlanken Stab, so daß gegenüber einer vergleichbaren Ferritstabanordnung weniger Raum benötigt wird: Eine 36mm ⌀ Ferritkugel z.B. hat die gleiche effektive Fläche k·A wie 80mm x 8mm ⌀ Ferritstäbe oder 62mm ⌀ Luftrahmen.

Eine Antennenspule im Magnetfeld hat die in Bild 6-22 umrandete Ersatzschaltung mit der Stomqelle i_k und dem Innenwiderstand jωL. Das negative Vorzeichen drückt aus, daß der induzierte Strom i_k und der Strom, der das Magnetfeld B erzeugt, gegensätzliche Phasenlage haben, wenn Antennenspule und felderzeugende Leiterschleife gleichsinnig gewickelt sind. Mit einer Parallelkapazität C kann die Spule bei der Empfangsfrequenz auf Resonanz abgestimmt werden. Dadurch vergrößert sich die Klemmenspannung u um den Faktor der Kreisgüte Q. Der Lastwiderstand R wird durch den Eingangswiderstand des nachgeschalteten Verstärkers sowie die Ferritkern- und Wicklungsverluste bestimmt. Bei Resonanz ist u in Phase mit i_k.

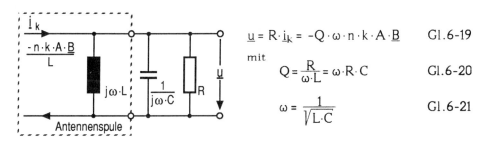

$$\underline{u} = R \cdot \underline{i}_k = -Q \cdot \omega \cdot n \cdot k \cdot A \cdot \underline{B} \quad \text{Gl.6-19}$$

mit

$$Q = \frac{R}{\omega \cdot L} = \omega \cdot R \cdot C \quad \text{Gl.6-20}$$

$$\omega = \frac{1}{\sqrt{L \cdot C}} \quad \text{Gl.6-21}$$

Bild 6-22: Ersatzschaltung einer Antennenspule

Die verstärkte Antennenspannung wird durch einen Synchrongleichrichter und ein nachgeschaltetes Tiefpaßfilter in eine Gleichspannung umgesetzt (Bild 6-23). Als Synchronsignal dient der felderzeugende Strom. Durch den konstanten Phasenbezug zwischen Antennenspannung und Magnetfeld ändert sich bei einer 180° Antennendrehung mit der einfallenden Feldkomponente auch das Vorzeichen der Gleichspannung. Außerdem werden Störungen unterdrückt, die nicht in Phase zum Synchronsignal liegen /38/. In Kombination mit der Antennenresonanz ergibt bereits ein einfacher RC-Tiefpaß ausreichende Selektivität.

Bei mehrdimensionalen Messungen werden die Antennenspulen über einen elektronischen Umschalter nacheinander mit dem Verstärker verbunden.

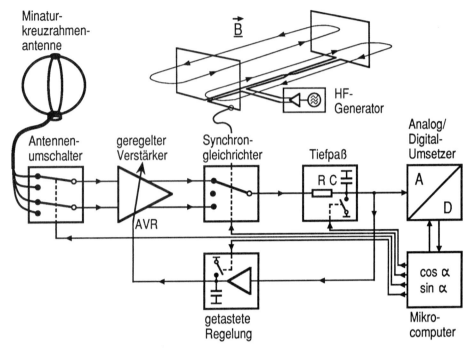

Bild 6-23: Beschaltung der Kreuzrahmenantenne

Der Meßzyklus wird von einem Mikroprozessor gesteuert: Zu Beginn wird die automatische Verstärkungsregelung (AVR) auf maximale Verstärkung zurückgesetzt und die erste Antennenspule sowie der Synchrondemodulator eingeschaltet. Die AVR reduziert nun die Verstärkung soweit, daß der Analog/Digital-Umsetzer nicht übersteuert wird. Dieser Abgleich ist erforderlich, um Schwankungen der magnetischen Flußdichte auszugleichen; er wird mit der zweiten und evtl. einer dritten Antennenspule wiederholt. Die Minimalverstärkung wird bis zum nächsten Zyklus konstant gehalten. Nach dem letzten Abgleich kann bereits die am Tiefpaß anstehende Gleichspannung digitalisiert werden.

Während der A/D-Umsetzung wird der Synchrongleichrichter abgeschaltet, so daß die Gleichspannung konstant bleibt; Synchrongleichrichter und Tiefpaß erfüllen so gleichzeitig die Funktion einer Abtast-Halte-Schaltung. Die Messung der noch fehlenden Antennenspannungen beendet den Zyklus. Aus dem Verhältnis der Meßwerte errechnet der Mikrocomputer den Winkel der Antenne gegenüber dem Magnetfeld.

Die Zyklusdauer ist wesentlich von der Bemessung des Tiefpaßfilters abhängig. Dessen Einschwingzeit sollte so groß sein, daß sich die Gleichspannung ihrem Endwert mit einer Genauigkeit nähern kann, die besser ist als die Auflösung des A/D-Umsetzers. Um den Einschwingvorgang zu verkürzen und gleiche Startvoraussetzungen zu schaffen, wird der Filterausgang während der Antennenumschaltung zurückgesetzt. Die Bemessung des Filters ist ein Kompromiß zwischen Selektivität und Zyklusdauer: Ein RC-Tiefpaß mit 1ms Zeitkonstante z.B. benötigt eine Einschwingzeit von 4,85ms, um die Genauigkeit eines 8bit-A/D-Umsetzers auszunutzen. Dabei ist die Empfangsbandbreite ±160Hz.

In einer Modifikation der Schaltung wird der Tiefpaß durch einen Integrator ersetzt und die Synchrontakte gezählt, die erforderlich sind, um die Gleichspannung von Null auf einen bestimmten Wert ansteigen zu lassen. Statt des A/D-Umsetzers wird nur noch ein Komparator benötigt. Die Verstärkung läßt sich (mikroprozessorgesteuert) durch Variation der Integratorzeitkonstante einstellen. Schwache Signale benötigen in diesem Fall eine längere Empfangszeit als starke; die Meßzeiten sind den Flußdichten umgekehrt proportional.

6.1.3.3 Störeinflüsse

Die Feldlinienverläufe nach Bild 6-19 wurden für den freien Raum berechnet. In der Realität treten jedoch Beeinflussungen sowohl durch permeable als auch durch elektrisch leitfähige Materialien auf. Während permea-

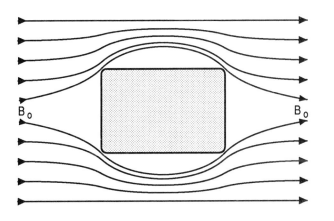

Bild 6-24:
Feldverdrängung
durch
Wirbelströme
in leitendem
Material

bles, nichtleitendes Material (z.B. Ferrit) zu einer Feldkonzentration nach Bild 6-15 führt, werden in leitendem, magnetisch neutralem Material (z.B. Aluminium) durch ein magnetisches Wechselfeld Wirbelströme induziert, die eine Feldverdrängung wie in Bild 6-24 verursachen. Beide Effekte sind material- und frequenzabhängig /39/. Bei permeablem, leitendem Material (z.B. Eisen) heben sich die Feldverzerrungen im Außenraum teilweise auf, so daß die Störungen geringer sind als beim Erdmagnetfeld. Die Frequenz des magnetischen Wechselfeldes sollte so gewählt werden, daß Feldverzerrungen durch Eisen- und Aluminiumkörper minimal ausfallen. Magnetische Fremdfelder stören die Winkelmessung nicht, solange deren Frequenzen sich von der des Nutzfeldes unterscheiden.

6.1.4 Auswahl eines Verfahrens zur Orientierungserfassung

Für die Realisierung eines orientierungsneutralen Bediengerätes wurde unter den beschriebenen Verfahren der Orientierungserfassung das induktive ausgewählt. Ausschlaggebend dafür waren folgende Gründe:

Mechanische *Kreisel* mit ausreichender Langzeitkonstanz, die meist für militärische Applikationen hergestellt werden, halten Schockbelastungen bis maximal 50g aus. Beim Sturz eines Bediengerätes aus 1m Höhe treten aber bereits erheblich höhere Belastungen auf, so daß mechanische Kreisel durch schockabsorbierende Aufhängungen geschützt werden müßten. Aus Gewichts- und Platzgründen ist dies oft nicht möglich. Im Vergleich zu den anderen Verfahren sind Kreiselsysteme zu teuer. Die wesentlich robusteren Faserkreisel sind z.Z. ebenfalls noch nicht zu realistischen Preisen verfügbar. Gegen den Kreiseleinsatz spricht außerdem die Notwendigkeit, in bestimmten Zeitabständen neu zu referieren.

Auch das *Erdmagnetfeld* ist nur örtlich begrenzt als Richtungsreferenz verwendbar, wenn nicht aufwendige, meist unpraktikable Maßnahmen zur Kompensation von Inhomogenitäten getroffen werden. Ortswechsel von einigen Metern sind oft mit erheblichen Änderungen der Mißweisung verbunden, so daß die Referenz durch Ausrichtung des Bediengerätes neu festgelegt werden muß. Dies ist besonders hinderlich bei großen Bediengeräten, die nicht mit einer Hand geschwenkt werden können. Die Neigung des Erdmagnetfeldes stellt außerdem hohe Anforderungen an die

Sensorik: 2-D-Sensoren dürfen nicht starr am Bediengerät montiert werden. Bei einen Inklinationswinkel von 65° würde schon eine geringe Neigung des Bediengerätes große Fehler bei der Messung des Horizontalwinkels verursachen. Wenn nicht genügend Raum für eine selbsthorizontierende Plattform vorhanden ist, müssen 3-D-Sensoren eingesetzt werden.

Das *induktive Verfahren* erfordert den zusätzlichen Aufbau eines magnetischen Wechselfeldes als Richtungsreferenz, ist aber weniger störempfindlich und im vorliegenden Anwendungsfall einfach zu realisieren. Wegen des ausreichend horizontalen Feldverlaufs genügt die starre Montage eines 2-D-Sensors am Bediengerät.

6.2 Realisierung eines mobilen Roboter-Bediengerätes mit orientierungsneutralem Kraft-Momenten-Sensor zur Bewegungsführung

Das im folgenden beschriebene Bediengerät mit orientierungsneutralem Kraft-Momenten-Sensor wurde für den Einsatz an einem Portalroboter aufgebaut. Grundsätzlich ist es jedoch an jedem Roboter einzusetzen, der mit Leiterschleifen zur Erzeugung des erforderlichen magnetischen Stützfeldes ausgestattet ist.

In der vorliegenden Anwendung wird das Magnetfeld nach Bild 6-16 durch zwei Leiterschleifen von 2,5 m Höhe, 6,5 m Breite und 9,5 m Abstand erzeugt. Diese Abmessungen sind ein Kompromiß zwischen den räumlichen Gegebenheiten und den Feldinhomogenitäten im Arbeitsraum des Roboters. Die Feldfrequenz wurde im Hinblick auf Störungen, Feldverzerrungen durch Fremdkörper und kurze Meßzeiten auf 100 kHz gelegt. Bei dieser Frequenz erlaubt die FTZ-Richtlinie der Deutschen Bundespost /40/ einen Schleifenstrom von 0,75 A.

Das Ersatzschaltbild der Schleifen besteht aus einer Induktivität von 70 μH und einem Serienwiderstand von 2,6 Ω. Die Induktivität der Leiterschleife wird mit einem Kondensator zu einem Schwingkreis ergänzt, so daß der Hochfrequenz-Generator bei 0,5 A Betriebsstrom nur die Schwingkreisverluste von 0,65 W ausgleichen muß. Das Synchronsignal wird mit einem Stromtransformator ausgekoppelt und über eine geschirmte Leitung zum Synchrongleichrichter übertragen.

Die Antennenwirkung der Anordnung, d.h. die Abstrahlung einer elektromagnetischen Welle, kann vernachlässigt werden, weil die Abmessungen der Leiterschleifen wesentlich kleiner sind als die Wellenlänge von 3000m. Der Strahlungswiderstand bei 100kHz ist mit 0,4µΩ so klein, daß im Betrieb nur 0,1µW als elektromagnetische Welle abgestrahlt werden /41/.

Bild 6-25 veranschaulicht, in welchem Maß die Kreuzrahmenantenne verkleinert werden konnte. Die linke Antenne besteht aus einem Kunststoffwürfel von 5cm Kantenlänge, der zwei Spulen mit je 80 Windungen trägt. Bei der mittleren Antenne wurden die Spulen auf einen geschliffenen Ferritzylinder von 26mmø x 21mm gewickelt, während die kleinste Antenne einen handelsüblichen 25mmø x 10mm Ferrit-Ringkern enthält. Zur Feldkonzentration können auch anders geformte Ferritkörper verwendet werden, solange das Feld in beiden Spulenebenen gleich stark konzentriert wird.

Bild 6-25: Miniatur-Kreuzrahmenantennen

Durch ein 100kHz Wechselfeld von 0,1µT werden in den Spulen der drei Antennen Leerlaufspannungen von 12mV, 7mV bzw. 4mV induziert, die sich durch Abstimmung der Spulen auf Resonanz noch um einen Faktor 10-20 erhöhen. Dabei ist mit den Ferritkernantennen eine etwas höhere Kreisgüte zu erreichen, so daß auch die kleinste Antenne mit 80mV vollkommen ausreichende Empfangsspannungen liefert.

Neben der Auswerteschaltung für die Kreuzrahmenantenne nach Bild 6-23 enthält das mobile Bediengerät (Bild 6-26) die Signalaufbereitung der Kraft-Momenten-Senorkugel. Die acht Signalspannungen der DMS-Meßbrücken werden über einen elektronischen Umschalter nacheinander abgetastet, verstärkt, mit 12 bit Auflösung digitalisiert und dem Mikroprozessorsystem zugeführt. Der 14 bit Digital/Analog-Umsetzer kompensiert Nullpunktfehler der Meßbrücken. Durch die Kompensation im Analogteil der Schaltung vor dem A/D-Umsetzer können Fehler ausgeglichen werden, die den Aussteuerbereich des A/D-Umsetzers überschreiten. Die Kompensationsspannungen der acht Kanäle werden während eines Nullabgleichs ermittelt und abgespeichert.

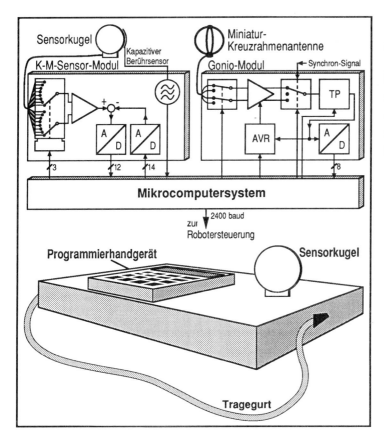

Bild 6-26: mobiles Bediengerät mit orientierungsneutraler Sensorkugel

Eine Verbesserung der in das Bediengerät integrierten Sensorkugel ist der automatische Nullabgleich. Um eine langsame Drift des Nullpunktes auszugleichen, wird der Nullabgleich nicht nur beim Einschalten des Gerätes duchgeführt, sondern auch immer dann, wenn die Sensorkugel nicht berührt wird.

Zur Realisierung des kapazitiven Berührsensors wurde die obere Halbschale des Kugelgehäuses (Bild 4-6b) oberflächlich metallisiert. Die Kapazität der isolierten Metallfläche ist Bestandteil eines Oszillators, dessen Frequenz und Amplitude durch Annäherung bzw. Berührung verstimmt werden. Die Schaltschwelle ist so eingestellt, daß eine Annäherung auf weniger als 1cm als Berührung detektiert wird.

Der Nullabgleich sowie die Messung und die Berechnung der Kräfte und Momente nach Gl. 4.1 werden von dem gleichen Mikrocomputersystem durchgeführt, das auch die Meßzyklen der Kreuzrahmenantenne steuert, und die Orientierung ψ des Bediengerätes gegenüber der Referenzrichtung des Roboters berechnet. Nach der Koordinatentransformation in die raumfesten Koordinaten X,Y,Z (Gl.6.1) werden die Kräfte F_X, F_Y, F_Z und die Momente M_X, M_Y, M_Z proportional in die Geschwindigkeits- bzw. Winkelgeschwindigkeitsvorgaben v_X, v_Y, v_Z und ω_X, ω_Y, ω_Z umgesetzt. Die Umsetzung ist so abgestimmt, daß die Sensorkugel dem Anwender bei Kräften und Momenten als gleich empfindlich erscheint.

In das Demonstrationsmodell des mobilen Bediengerätes ist neben der Kreuzrahmenantenne, der Sensorkugel und der gesamten Elektronik nach Bild 6-26 noch das Programmierhandgerät der Robotersteuerung integriert, das weitere Bedienelemente des Roboters enthält. Die Stromversorgung erfolgt über ein Schaltnetzteil aus dem 24V-Netz der Robotersteuerung. Der Tragegurt erleichtert die Handhabung des Gerätes. Es ist möglich, den gesamten Aufbau noch soweit zu verkleinern, daß das Gerät (z.B. nach Bild 2-10d) auf dem linken Unterarm getragen werden kann, während die rechte Hand die Sensorkugel bedient.

6.3 Anschluß des Bediengerätes an die Robotersteuerung

Der Funktionsumfang der Robotersteuerung (Siemens RCM 2), die im vorliegenden Fall zur Verfügung stand, enthält Richtungsfahrtasten (siehe Abschnitt 2.3.1) zur Führung des Roboters. Damit können die zugeordneten Achsen unabhängig voneinander bewegt werden. Allerdings bieten die Tasten nur die Wahl zwischen Achsstillstand und einer für alle Achsen gemeinsam vorwählbaren Geschwindigkeit, so daß der Roboter sich nicht direkt in jede Richtung bewegen läßt. Bei Anwahl des kartesischen Koordinatensystems z.B. sind Bewegungen nur parallel zu den Koordinaten oder (durch gleichzeitige Betätigung mehrerer Tasten) parallel zu deren Flächen- oder Raumdiagonalen möglich.

Der Einsatz der Sensorkugel zur 3-D-Bewegungsführung setzt voraus, daß sich die Fahrgeschwindigkeiten der kartesischen Achsen einzeln und unabhängig voneinander vorgeben lassen. Im Lernprogrammiermodus sieht die Robotersteuerung jedoch keine derartige Möglichkeit vor. Sie verfügt aber über eine Schnittstelle zur sensorgesteuerten Bahnkorrektur nach Bild 2-8. Weil die Bahnkorrektur nur während der Abarbeitung eines Bewegungssatzes aktiv wird, muß zum Betrieb der Sensorkugel ein kurzes Programm gestartet werden. Es aktiviert die Bahnkorrektur in raumfesten kartesischen Koordinaten und startet eine Bewegung, nachdem es die Bewegungsgeschwindigkeit auf Null gesetzt hat. Dadurch wird die programmierte Bewegung nicht ausgeführt, wohl aber die Bahnkorrektur; d. h. der Roboter steht still, solange er keine "Korrektur"signale des Bediengerätes erhält.

Als Korrektursignale werden die Geschwindigkeits- bzw. Winkelgeschwindigkeitsvorgaben v_X, v_Y, v_Z und ω_X, ω_Y, ω_Z des Bediengerätes auf je einen 8-bit-Wert reduziert und zur Robotersteuerung übertragen. Dabei ist die maximale Übertragungsgeschwindigkeit seitens der seriellen Sensorschnittstelle der Robotersteuerung auf 2400 baud begrenzt.

Zur Abwicklung der Datenübertragung setzt die Robotersteuerung die Benutzung des LSV2-Protokolls /42/ voraus. Die Übertragungsprozedur, die sich an eine DIN-Norm /43/ anlehnt, bietet ein hohes Maß an Übertragungssicherheit, ist aber relativ langsam: Der Rahmen des Protokolls allein umfaßt bereits 11 ASCII-Zeichen; mit den sechs Bewegungsvorgaben und noch zwei Steuerzeichen für den Roboter besteht ein Übertragungszyklus aus 19 Zeichen. Wenn jedes Zeichen neben 8bit Daten noch ein Start- und ein Stop-bit enthält, dauert ein Zyklus bei serieller Übertragung mit 2400 baud mehr als 79 ms. Damit benötigt die Datenübertragung mehr Zeit als der interruptgesteuert, parallel ablaufende Berechnungszyklus des mobilen Bediengerätes.

6.4 Einsatzerfahrungen

Mit der orientierungsneutralen Sensorkugel verfügt der Programmierer über ein ergonomisches Werkzeug zur Führung eines Roboters. Auch routinierte Anwender von Richtungsfahrtasten empfinden die Sensorkugel als erhebliche Bedienungserleichterung, weil sie die Roboterbewegungen direkt vorgeben können, ohne sich ständig die Lage eines Koordinatensystems vor Augen halten zu müssen. Diese Bedienungserleichterung wird um so deutlicher empfunden, je weniger geübt ein Programmierer in der Bedienung eines Robotertyps ist. Deshalb ist die Zeitersparnis gegenüber Richtungsfahrtasten oder mehrachsigen orientierungsabhängigen Bedienelementen nur schwer quantitativ zu erfassen.

Die ersten Erfahrungen mit der Sensorkugel zeigten, daß es nicht immer sinnvoll ist, wenn sich Position und Orientierung der Roboterhand simultan beeinflussen lassen. Sehr oft z.B. soll die Position bei konstanter Orientierung der Handachse geändert werden. Außerdem ist es —z.B. bei Einlege- und Fügeoperationen— manchmal erforderlich, exakt parallel zu einer Koordinatenachse zu verfahren, während alle anderen Achsen stillstehen. Um eine unübersichtliche Vielzahl von Schaltern zu vermeiden, die dazu erforderlich wären, bei Bedarf einzelne Achsen zu blockieren, wurde die Sensorkugel nachträglich um die "Autoraster"-Funktion ergänzt. Sie wird für alle Achsen über einen einzigen Schalter aktiviert. Durch das Unterprogramm, das diese Funktion realisiert, wird nur die größte von sechs Geschwindigkeitsvorgaben an die Robotersteuerung übertragen. Der Roboter verfährt so immer nur in Richtung des größten Führungswertes. Über einen weiteren Schalter läßt sich wahlweise die Position oder die Orientierung der Roboterhand fixieren.

Die berührungslose Erfassung der Bediengeräteorientierung ist ausreichend genau, so daß Abweichungen zwischen der Vorgabe des Bedieners und der Bewegungsrichtung des Roboters gefühlsmäßig nicht festgestellt bzw. unbemerkt korrigiert werden. Lediglich an den Arbeitsraumgrenzen in der Nähe der senkrechten Leiterabschnitte treten Abweichungen auf, die als störend empfunden werden. Wenn die räumlichen Gegebenheiten es zulassen, sollten die senkrechten Leiterabschnitte darum weiter außerhalb des Arbeitsraums liegen. Störungen durch elektromagnetische Einstreuungen sind nicht festzustellen.

Probleme bereitet die Kommunikation mit der Robotersteuerung. Nach der seriellen Übertragung der Bewegungsvorgaben in raumfesten kartesischen Koordinaten benötigt die Robotersteuerung noch Zeit zur Bearbeitung der sensorgesteuerten Bahnkorrektur und zur Transformation in Gelenkkoordinaten. Dadurch werden die Reaktionszeiten des Roboters auf Vorgaben der Sensorkugel so lang, daß der Bediener bereits eine störende Verzögerung bemerkt. Zur Abspeicherung von Bahnpunkten im Rahmen einer Teach-In-Programmierung muß außerdem vom Programm, das die sensorgesteuerte Bahnkorrektur ausführt, in den Lernprogrammiermodus gewechselt werden. Dies erschwert den Einsatz des mobilen Bediengerätes bei der Teach-In-Programmierung. Demgegenüber können die Richtungsfahrtasten, die zum Ausrüstungsstandard der Robotersteuerung gehören, im Lernprogrammiermodus benutzt werden. Bei einer Integration der orientierungsneutralen Sensorkugel als Komponente der Robotersteuerung würden diese Probleme entfallen und die Vorteile des neuen Bediengerätes voll zur Geltung kommen.

Bei der realisierten Version des mobilen Bediengerätes besteht ein linearer Zusammenhang zwischen den Vorgaben der Sensorkugel und den Verfahrgeschwindigkeiten des Roboters. Um die Feinfühligkeit der Bewegungsführung weiter zu verbessern, sollte hier ein progressiver Zusammenhang hergestellt und außerdem die Kraft-Momenten-Gegenkopplung nach Abschnitt 5.1 ergänzt werden.

7. Programmierzeiger zur dreidimensionalen Bewegungsführung

Wie jedes andere kraftbetätigte Bedienelement muß auch die Kraft-Momenten-Sensorkugel immer an einer Plattform befestigt werden, die als Richtungsreferenz und als Aufnahme für die vom Bediener ausgeübten Kräfte bzw. Momente dient. Bei mobilen tragbaren Geräten muß diese Plattform vom Bediener gehalten werden. Ideal wäre ein räumlich frei bewegbares Gerät, das mit einer Hand gehalten und bedient werden kann.

Aufbauend auf Erfahrungen mit der orientierungsneutralen Sensorkugel und auf Versuchen mit einem inertialen Meßsystem /44/ (s. Kapitel 8) wurde der Programmierzeiger (Bild 7-1) erdacht und realisiert. Nach der Einteilung von Bild 4-2 gehört er zu den weg- bzw. winkelbetätigten Bedienelementen, benötigt allerdings keine Bezugsplattform, weil er auf berührungslosen Meßverfahren basiert. Die Bewegungsrichtung der Roboterhand wird durch die Zeigerrichtung bestimmt; lediglich skalare Größen (wie der Betrag der Verfahrgeschwindigkeit und verschiedene Umschaltfunktionen) werden über Drucktasten vorgegeben.

Der Programmierzeiger ist unabhängig von der Stellung des Bedieners; Probleme wie bei orientierungsabhängigen mobilen Bedienelementen treten nicht auf. Zur Funktion benötigt er nur das Gravitations- und Magnetfeld der Erde, so daß er ohne Zusatz-Hardware (Leiterschleifen) an unterschiedlichen Robotern eingesetzt werden kann.

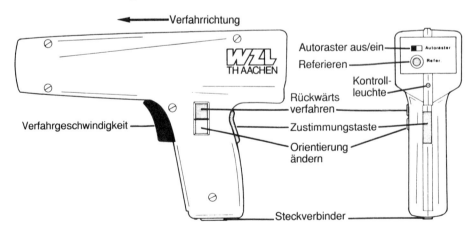

Bild 7-1: Programmierzeiger mit Bezeichnungen der Funktionselemente

7.1 Bedienung

Der Programmierzeiger wird durch ein mehradriges Kabel mit einem Mikrocomputesystem verbunden, das alle Funktionen steuert und über eine geeignete Schnittstelle mit der Robotersteuerung kommuniziert. Bei Benutzung der Taste *Verfahrgeschwindigkeit* bewegt sich die Roboterhand parallel zum Zeiger in Richtung des Pfeils *Verfahrrichtung* (Bild 7-1 und Bild 7-2). Dabei hängt der Betrag der Geschwindigkeit davon ab, wie fest bzw. tief die Taste gedrückt wird. Wird gleichzeitig mit dem Daumen die Taste *Rückwärts verfahren* betätigt, so kehrt sich die Bewegungsrichtung um. Diese Funktion erleichtert die Bedienung und vereinfacht Korrekturen, wenn die Roboterhand z.B. unachtsam etwas zu weit gefahren wird. Mit der Umkehrtaste kann der Programmierzeiger im wesentlichen aus dem Handgelenk bedient werden, obwohl der Schwenkbereich des Handgelenks deutlich unter 180° liegt.

Um die Orientierung der Roboterhand einzustellen, benutzt der Bediener die Taste *Orientierung ändern*. Während diese Taste gedrückt ist, vollzieht die Roboterhand sämtliche Drehungen des Programmierzeigers nach. Dabei ist es gleichgültig, aus welcher Ausgangsorientierung des Programmierzeigers die Drehungen erfolgen. In Bild 7-2 z.B. dreht sich die Roboterhand entsprechend der Vorgabe des Programmierzeigers von der schraf-

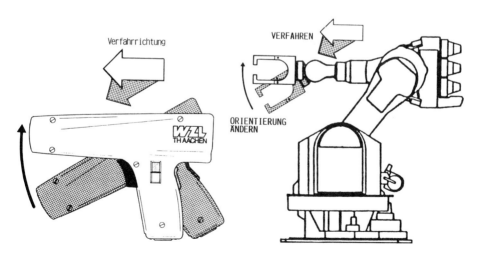

Bild 7-2: Führung eines Roboters mit Hilfe des Programmierzeigers

fierten in die im Vordergrund dargestellte Orientierung. Wenn der Schwenkbereich der menschlichen Hand überschritten wird, kann die Gesamtdrehung durch mehrere Teildrehungen vorgegeben werden, indem der Programmierzeiger mit gelöster Orientierungstaste mehrmals in die Ausgangsstellung zurückbewegt wird.

Durch Aktivierung der Funktion *Autoraster* —z.B. bei Füge- und Montageoperationen— werden die Bewegungsvorgaben des Programmierzeigers so quantisiert, daß sich die Roboterhand immer nur exakt parallel zu einer kartesischen Achse oder auch einer Flächen- oder Raumdiagonale des raumfesten Koordinatensystems bewegt. Bild 7-3b veranschaulicht, wie dadurch die Bewegungen auf 26 Vorzugsrichtungen beschränkt werden. Innerhalb des Raumwinkels eines Oberflächensegmentes werden alle Vorgaben auf die Richtung des Ursprungsvektors durch den Segmentmittelpunkt gerundet. Erst wenn die Vorgabe um mehr als 22,5° von einer Vorzugsrichtung abweicht, springt die Autoraster-Funktion auf die nächstliegende Richtung.

Orientierungsvorgaben werden durch die Autoraster-Funktion auf Drehungen um eine der drei raumfesten kartesischen Achsen, d.h. auf 6 Möglichkeiten beschränkt (Bild 7-3a). Im Orientiermodus ist diese relativ grobe Unterteilung ausreichend.

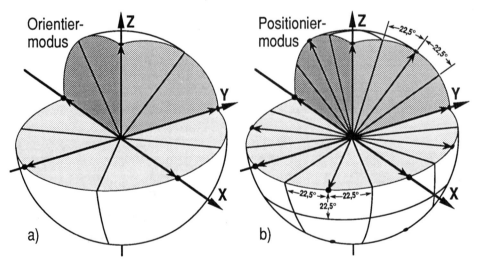

Bild 7-3: Richtungseinschränkungen durch die Autoraster-Funktion

Um sicherzustellen, daß der Roboter immer in Zeigerrichtung verfährt, muß die Referenzrichtung des Programmierzeigers festgelegt werden. Dazu hält der Bediener den Zeiger parallel zur Bezugsrichtung des Roboters und betätigt kurz die Taste *Referieren*. Bedingt durch das Funktionsprinzip muß diese kurze Aktion wiederholt werden, wenn sich die Mißweisung des Erdmagnetfeldes ändert, was unter Umständen schon bei Ortswechseln von einigen Metern der Fall ist. Mit dem Referenztaster läßt sich der Zeiger leicht an unterschiedlich ausgerichtete Roboter anpassen.

Durch die Anordnung der *Zustimmungstaste* wird eine unbeabsichtigte Auslösung von Funktionen verhindert. Die Bedienung des Programmierzeigers ist nur möglich, wenn der Griff fest in der Hand liegt, so daß die Handinnenfläche den Sicherheitsschalter betätigt.

7.2 Aufbau, Funktionsprinzip, Sensorik

Bild 7-4 zeigt den internen Aufbau des Programmierzeigers. Zur berührungslosen Erfassung der räumlichen Orientierung enthält das Gerät drei senkrecht zueinander montierte Beschleunigungsaufnehmer und ein 3-D-Magnetometer. Sie messen die Gravitation $\vec{G}=(G_1, G_2, G_3)$ und das Erdmagnetfeld $\vec{B}=(B_1, B_2, B_3)$ in den kartesischen Koordinaten 1,2,3 des Programmierzeigers. Als Aufnehmer für die Vorgabe der Verfahrgeschwindigkeit v dient ein Linearpotentiometer.

Die Beschleunigungsaufnehmer fungieren als 3-D-Inklinometer; sie erfassen die Neigung gegenüber der Horizontale. Dazu reichen Meßbereiche von ±1g aus, weil der Programmierzeiger im Betrieb normalerweise ruhig gehalten wird. Gegenüber Drehungen des Zeigers um die Lotachse sind die Beschleunigungsmessungen allerdings indifferent. Zur Bestimmung des Azimuts, d.h. des Winkels der Drehung um die Lotachse, ist ein zweites Stützfeld erforderlich. Es darf am Einsatzort nicht parallel zum Gravitationsfeld verlaufen bzw. muß eine meßbare Horizontalkomponente haben.

Im vorliegenden Fall wird das Erdmagnetfeld benutzt. Solange es nicht durch Störeinflüsse lotrecht abgelenkt oder extrem geschwächt wird, kann es praktisch überall als Stützfeld herangezogen werden. Durch die leichte Handhabung des Programmierzeigers lassen sich Störungen mit der Refe-

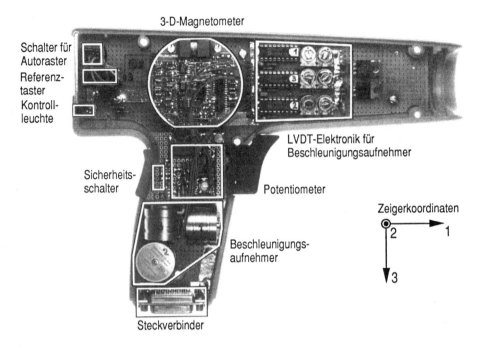

Bild 7-4: Interner Aufbau des Programmierzeigers

renztaste schnell korrigieren. Der Meßbereich des Magnetometers umfaßt für jede Komponente ±60μT, so daß es auch durch lokale Konzentrationen des Erdmagnetfeldes nicht übersteuert wird.

Neben der Sensorik enthält das Gehäuse des Programmierzeigers die gesamte analoge Elektronik. An das Mikrocomputersystem, das sich in einem getrennten Gehäuse befindet, werden über ein Kabel sieben Analogsignale ($G_1, G_2, G_3, B_1, B_2, B_3, v$) und vier Digitalsignale (rückwärts, orientieren, Referenztaster, Autoraster) übertragen. Dort erst werden die Analogsignale digitalisiert. Sicherheitsrelevante Signale, die Roboterbewegungen bewirken oder die Referenzrichtung ändern, werden nur bei Betätigung des Sicherheitsschalters übermittelt.

Das Mikrocomputersystem berechnet die Bewegungsvorgaben für den Roboter in raumfesten kartesischen Koordinaten und überträgt drei Geschwindigkeitswerte (v_X, v_Y, v_Z) für die Positionierung bzw. drei Winkelgeschwindigkeitswerte ($\omega_X, \omega_Y, \omega_Z$) für die Umorientierung an die Robotersteuerung.

7.2.1 Beschleunigungsaufnehmer

Die im Programmierzeiger eingesetzten Beschleunigungsaufnehmer erfassen Beschleunigungen von ±1g im Frequenzbereich von 0-20 Hz. Sie arbeiten nach dem Prinzip des Differentialdrosselaufnehmers. Jeder Beschleunigungsaufnehmer enthält eine zwischen zwei Membranfedern in Silikonöl gelagerte seismische Masse, deren Auslenkung aus der Neutrallage die Induktivität zweier Drosseln gegensätzlich verändert. Die Drosseln sind Teil einer Brückenschaltung (Bild 7-5).

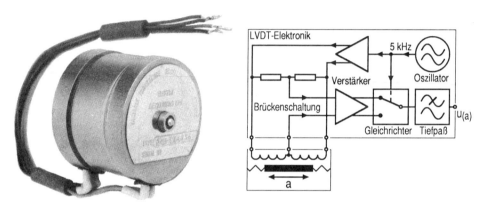

Bild 7-5: Beschleunigungsaufnehmer

Zur Speisung der Brücke und zur Signalaufbereitung ist jedem Beschleunigungsaufnehmer ein integrierter LVDT- (Linear Variable Differential Transducer) Schaltkreis zugeordnet /45/, der Oszillator, Verstärker, Synchrongleichrichter und Tiefpaß enthält. Am Ausgang des Tiefpaßfilters steht eine beschleunigungsproportionale Gleichspannung zur Verfügung.

Das Feder-Masse-System der Beschleunigungsaufnehmer hat das dynamische Verhalten eines Tiefpaßfilters zweiter Ordnung mit einer Resonanzüberhöhung bei 21Hz. Durch die Silikonölfüllung wird ein mechanischer Dämpfungsgrad D= 0,5 (entsprechend einer Polgüte Q= 1) erreicht. Wenn das elektrische Tiefpaßfilter als einfacher RC-Tiefpaß mit 16Hz Grenzfrequenz ausgeführt wird, ergibt sich für das Gesamtsystem der Frequenzgang eines 16Hz-Butterworth-Tiefpaßfilters dritter Ordnung. Die Oszillatorfrequenz von 5kHz wird durch den RC-Tiefpaß ausreichend unterdrückt. Auf eine sprungförmige Erregung antwortet das System mit 7,5% Signal-

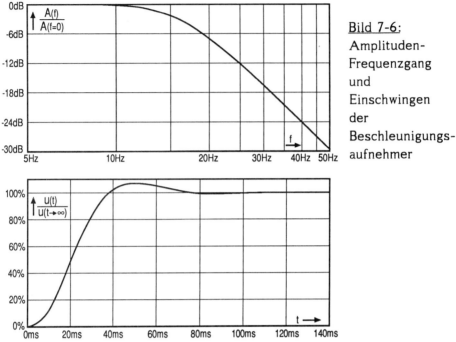

Bild 7-6:
Amplituden-Frequenzgang und Einschwingen der Beschleunigungsaufnehmer

überschwingen (Bild 7-6). Um mit gleichem Aufwand das noch bessere Impulsübertragungsverhalten eines Bessel-Filters zu erreichen, müßte die Dämpfung des Feder-Masse-Systems bei 0,7 liegen. /38/

Die Meßwerte der Beschleunigungsaufnehmer sind mit Nullpunkt-, Amplituden-, Linearitäts- und Orthogonalitätsfehlern behaftet. Nullpunkt- und Amplitudenfehler werden deutlich, wenn der Programmierzeiger —wie in Bild 7-7 angedeutet— orthogonal zum Schwerefeld z.B. um die Roll- und Nickachse gedreht wird. Über die Beobachtung der Minimal- und Maximalwerte können die Fehler abgeglichen werden. Dabei wird wird der Grobabgleich analogseitig durchgeführt, um den Aussteuerbereich des Analog-Digital-Umsetzers auszunutzen. Die Feinkorrekturen sowie die Linearisierung der Aufnehmerkennlinien werden am günstigsten digital realisiert. Orthogonalitätsfehler sind auf schiefwinklige Montage der Beschleunigungsaufnehmer zurückzuführen und werden mechanisch kompensiert.

Für die Funktion des Programmierzeigers ist nicht die absolute Genauigkeit der Beschleunigungsmessungen, sondern das Verhältnis der drei Meßwerte,

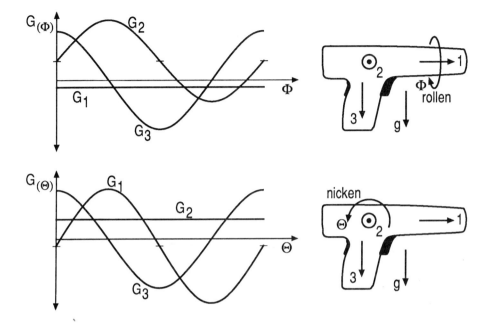

Bild 7-7: Nullpunkt- und Amplitudenfehler der Beschleunigungsaufnehmer

d.h. exakter Abgleich der Amplituden untereinander von Bedeutung. Ausreichender statischer und dynamischer Gleichlauf der Kanäle ist außerdem Voraussetzung für eine kurze System-Einschwingzeit.

7.2.2 3-D-Magnetometer

Das 3-D-Magnetometer besteht aus einer 1-D- und einer 2-D-Ringkernsonde nach Bild 6-13 b) bzw. c). Bei einem Ringkerndurchmesser von 16mm sind die Sonden 28mm voneinander entfernt montiert. Jeder Ringkern für sich verzerrt den Verlauf des Erdmagnetfeldes (Bild 6-14). Meßfehler, die darauf sowie auf andere magnetisch aktive Teile innerhalb des Programmierzeigers zurückzuführen sind, können jedoch durch eine einmalige elektrische Amplituden- und Nullpunktkorrektur kompensiert werden.

Zur Kompensation wird der Programmierzeiger wie in Bild 7-7 um zwei Achsen, in diesem Fall aber orthogonal zum Magnetfeld gedreht. Die Amplitudenverläufe der drei Magnetfeldkomponenten B_1, B_2, B_3 entsprechen dabei denen der Gravitationskomponenten G_1, G_2, G_3. Amplitudenabweichungen zwischen den Meßwerten sind auf weichmagnetische Teile zurückzuführen, die das Feld z.B. in einer Achse konzentrieren. Nullpunktfehler entstehen durch hartmagnetische Teile, die die Arbeitspunkte der Sonden verschieben. Für Linearitäts- und Orthogonalitätsfehler sowie für den Abgleich gelten die gleichen Grundsätze wie bei den Beschleunigungsaufnehmern.

Die Kompensation des Magnetometers berücksichtigt nur Fehlerquellen innerhalb des Programmierzeigers. Korrekturen extern verursachter Feldstörungen müssen mit Hilfe der Referenztaste durchgeführt und evtl. wiederholt werden.

Die Schaltung des Magnetometers baut auf Bild 6-11 auf. Zur Vereinfachung werden die beiden Ringspulen allerdings nicht mit einem eingeprägten dreieckförmigen Strom sondern mit einer symmetrischen Rechteckspannung gespeist. <u>Bild 7-8</u> zeigt die Beschaltung einer Sonde:

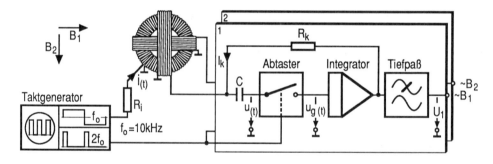

Bild 7-8: Beschaltung der 2-D-Ringkernsonde des Magnetometers

Durch die stromabhängige Induktivität der Ringspule stellt sich ein nichtlinearer Stromverlauf $i_{(t)}$ ein, der das Kernmaterial bis in die positive bzw. negative Sättigung aussteuert. Dabei wird die Stromamplitude durch den Widerstand R_i begrenzt. Anders als in Bild 6-12 wird die Anstiegsgeschwindigkeit des Stroms nicht durch den Taktgenerator, sondern durch die Induktivität bestimmt. Nach jedem Polaritätswechsel der Rechteckspannung wird der Kern zunächst entsättigt, ummagnetisiert und wieder mit entgegengesetzter Polarität gesättigt. Die Frequenz f_0 ist so bemessen, daß die Sättigung deutlich vor dem nächsten Polaritätswechsel erreicht wird.

Unter dem Einfluß eines äußeren Magnetfeldes wird die obere Kernhälfte zu anderen Zeitpunkten entsättigt als die untere, so daß in der Sekundärwicklung eine Impulsfolge $u_{(t)}$ induziert wird. Während der Entsättigungsphase werden Abtastwerte $u_{g(t)}$ der Impulsfolge auf den Integrator geschaltet. Der Taktgenerator schaltet den Abtaster mit der Frequenz $2f_0$ synchron zur Entsättigung des Ringkerns. Die Sättigungsphase wird nicht ausgewertet, weil deren Abtastmoment nicht exakt festliegt. Im Vergleich mit der Schaltung in Bild 6-11 kann der Abtaster auch als Einweggleichrichter betrachtet werden.

Zwischen der Stärke des Magnetfeldes und der Spannung am Integratorausgang besteht aufgrund des nichtlinearen Stromverlaufs $i_{(t)}$ zunächst kein linearer Zusammenhang. Er wird erst durch die Gegenkopplung über den Widerstand R_k hergestellt. Der Strom I_k durch den Widerstand und die Sekundärwicklung stellt sich so ein, daß das zu messende Magnetfeld genau kompensiert wird. Der Kondensator C ist zur Abtrennung der Gleichspannung erforderlich, die infolge des Stroms I_k am Wicklungswiderstand der Sekundärwicklung abfällt.

Die systembedingt wesentlich höhere Grenzfrequenz des Magnetometers ist auf 16Hz herabgesetzt, so daß das dynamische Verhalten dem der Beschleunigungsaufnehmer gleicht. Bei schnellen Schwenks des Programmierzeigers würden andernfalls Fehler entstehen, die auf unterschiedliche Verzögerungen der Meßwerterfassungen zurückzuführen sind. Durch die niedrige Grenzfrequenz wird außerdem der Einfluß künstlicher magnetischer Wechselfelder besser unterdrückt.

7.3 Algorithmen

Die Vektoren der Gravitation $\vec{G}$ und des Erdmagnetfeldes $\vec{B}$ werden in den kartesischen Koordinaten 1,2,3 (vgl. Bild 7-4) des Programmierzeigers gemessen. Daraus und aus der skalaren Geschwindigkeitsvorgabe v sind zur Steuerung des Roboters die Geschwindigkeiten v_X, v_Y und v_Z sowie die Winkelgeschwindigkeiten ω_X, ω_Y und ω_Z in den raumfesten kartesischen Koordinaten X,Y,Z zu ermitteln. Für die Berechnungen werden die Basiskoordinaten in der Zählrichtung nach Bild 2-4 zugrunde gelegt; d.h.

die Z-Achse ist nach oben gerichtet. Als Referenzrichtung wird die Richtung der X-Koordinate festgelegt.

Zur Übertragung der Daten an die Robotersteuerung wird das LSV2-Protokoll benutzt. Wie bei dem mobilen Bediengerät in Abschnitt 6.2 beschrieben, werden die Bewegungsvorgaben als Signale zur sensorgesteuerten Bahnkorrektur übergeben. Die Übertragungsprozedur läuft während der interrupt-gesteuerten Berechnung der nächsten Bewegungsvorgaben ab. In der realisierten Version des Programmierzeigers sind die folgenden Algorithmen in ein Pascal-Programm gefaßt.

7.3.1 Koordinatentransformation

Zunächst werden aus $\vec{G}=(G_1,G_2,G_3)$ und $\vec{B}=(B_1,B_2,B_3)$ durch vektorielle Multiplikation und Normierung nach den Gleichungen 6-8 bis 6-11 die magnetische Ostrichtung $\vec{O}=(O_1,O_2,O_3)$ und die magnetische Nordrichtung $\vec{N}=(N_1,N_2,N_3)$ berechnet. Aus den raumfesten Einheitsvektoren $\vec{N}$, $\vec{O}$ und dem normierten Gravitations-Vektors $\vec{G}/|\vec{G}|$ lassen sich dann die Einheitsvektoren $\vec{X},\vec{Y}$ und $\vec{Z}$ ermitteln. Sie liegen parallel zu den Achsen X, Y, Z des Basiskoordinatensystems, werden aber durch Komponenten parallel zu den Achsen 1,2,3 des Zeigerkoordinatensystems beschrieben.

Die Komponenten der Z-Richtung (Z_1,Z_2,Z_3) ergeben sich als Antiparallele des normierten Gravitations-Vektors $\vec{G}/|\vec{G}|$:

$$\vec{Z} = -\frac{\vec{G}}{|\vec{G}|}, \quad \begin{pmatrix} Z_1 \\ Z_2 \\ Z_3 \end{pmatrix} = \frac{-1}{|\vec{G}|} \cdot \begin{pmatrix} G_1 \\ G_2 \\ G_3 \end{pmatrix} = \frac{-1}{\sqrt{G_1^2+G_2^2+G_3^2}} \cdot \begin{pmatrix} G_1 \\ G_2 \\ G_3 \end{pmatrix} \qquad \text{Gl.7-1}$$

7.3.1.1 Referenzrichtung

Zur Ermittlung der X- und der Y-Richtung muß zuerst die Referenzrichtung gemessen werden, indem der Programmierzeiger parallel zur Bezugsrichtung des Roboters gehalten und die Referenztaste gedrückt wird. Dabei kann nicht davon ausgegangen werden, daß der Programmierzeiger immer horizontal gehalten wird: die Zeigerrichtung, d.h. der Einheitsvektor

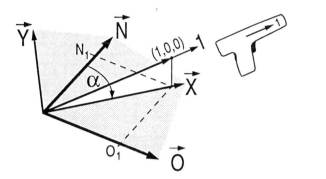

Bild 7-9:
Messung der Referenzrichtung

(1,0,0), muß nicht exakt in der Nord-Ost-Ebene liegen (Bild 7-9). Voraussetzung ist aber, daß der Zeiger beim Referieren nicht nach oben oder unten, sondern deutlich in die Bezugsrichtung weist.

Im Augenblick des Referierens werden der Nord- und der Ostvektor in den Koordinaten des Zeigers bestimmmt. Durch skalare Multiplikation mit $\vec{N}$ bzw. $\vec{O}$ wird die Zeigerrichtung (1,0,0) dann in ihre Nord- und Ost-Komponenten N_1 und O_1 zerlegt. Nach den Gleichungen 6-12 und 6-13 errechnen sich daraus $\sin\alpha_0$ und $\cos\alpha_0$. In diesem Fall ist α_0 der Horizontalwinkel der Bezugs-(X-)Achse des Roboters gegenüber der lokalen magnetischen Nordrichtung. Die für $\sin\alpha_0$ und $\cos\alpha_0$ ermittelten Werte werden gespeichert; sie bleiben konstant, solange sie nicht durch erneutes Referieren geändert werden.

Aus den gespeicherten Werten für $\sin\alpha_0$ und $\cos\alpha_0$ und den ständig neu zu ermittelnden Komponenten der Nord- und Ost-Vektoren ergeben sich die aktuellen Komponenten der X- und Y- Vektoren:

$\vec{X}$:
$$\begin{pmatrix} X_1 \\ X_2 \\ X_3 \end{pmatrix} = \cos\alpha_0 \cdot \begin{pmatrix} N_1 \\ N_2 \\ N_3 \end{pmatrix} + \sin\alpha_0 \cdot \begin{pmatrix} O_1 \\ O_2 \\ O_3 \end{pmatrix}$$
Gl.7-2

$\vec{Y}$:
$$\begin{pmatrix} Y_1 \\ Y_2 \\ Y_3 \end{pmatrix} = \sin\alpha_0 \cdot \begin{pmatrix} N_1 \\ N_2 \\ N_3 \end{pmatrix} - \cos\alpha_0 \cdot \begin{pmatrix} O_1 \\ O_2 \\ O_3 \end{pmatrix}$$
Gl.7-3

Die Berechnung der Vektoren $\vec{X}$, $\vec{Y}$ und $\vec{Z}$ aus $\vec{N}$, $\vec{O}$ und dem normierten Gravitationsvektor $\vec{G}/|\vec{G}|$ läßt sich auch mit der orthogonalen Transformationsmatrix nach Gleichung 7-4 beschreiben:

$$\begin{pmatrix} \vec{X} \\ \vec{Y} \\ \vec{Z} \end{pmatrix} = \begin{pmatrix} \cos\alpha_0 & \sin\alpha_0 & 0 \\ \sin\alpha_0 & -\cos\alpha_0 & 0 \\ 0 & 0 & -1 \end{pmatrix} \cdot \begin{pmatrix} \vec{N} \\ \vec{O} \\ \vec{G}/|\vec{G}| \end{pmatrix} \qquad \text{Gl.7-4}$$

7.3.1.2 Positioniermodus

Im Positioniermodus, d.h. bei Betätigung des Verfahr-Potentiometers, soll sich die Roboterhand in Zeigerrichtung bewegen, wobei der Betrag v der Verfahrgeschwindigkeit $\vec{v} = (v_X, v_Y, v_Z)$ über das Potentiometer vorgegeben wird. Dazu sind die drei Geschwindigkeitskomponenten v_X, v_Y und v_Z zu berechnen und an die Robotersteuerung zu übertragen.

Die Zeigerrichtung kann durch einen Einheitsvektor in Richtung der Achse 1 des Zeigerkoordinatensystems dargestellt werden. Ausgedrückt in Zeigerkoordinaten hat er die Komponenten (1,0,0). Durch skalare Multiplikation mit $\vec{X}$, $\vec{Y}$ bzw. $\vec{Z}$ wird er in Komponenten zerlegt, die parallel zu den Achsen des Basiskoordinatensystems liegen:

$$\begin{pmatrix} (1,0,0) \cdot \vec{X} \\ (1,0,0) \cdot \vec{Y} \\ (1,0,0) \cdot \vec{Z} \end{pmatrix} = \begin{pmatrix} (1,0,0) \cdot (X_1, X_2, X_3) \\ (1,0,0) \cdot (Y_1, Y_2, Y_3) \\ (1,0,0) \cdot (Z_1, Z_2, Z_3) \end{pmatrix} = \begin{pmatrix} X_1 \\ Y_1 \\ Z_1 \end{pmatrix} \qquad \text{Gl.7-5}$$

Mit (X_1, Y_1, Z_1) liegt die Zeigerrichtung in Basiskoordinaten vor. Die Komponenten der Verfahrgeschwindigkeit $\vec{v} = (v_X, v_Y, v_Z)$ ergeben sich durch Multiplikation der Zeigerrichtung mit der skalaren Geschwindigkeitsvorgabe v. Bei Betätigung der Taste *Rückwärts verfahren* wird die Bewegungsrichtung umgekehrt, indem die Zeigerrichtung mit -v multipliziert wird:

$$\begin{pmatrix} v_X \\ v_Y \\ v_Z \end{pmatrix} = (-) v \cdot \begin{pmatrix} X_1 \\ Y_1 \\ Z_1 \end{pmatrix} = (-) \begin{pmatrix} v \cdot X_1 \\ v \cdot Y_1 \\ v \cdot Z_1 \end{pmatrix} \qquad \text{Gl.7-6}$$

7.3.1.3 Orientiermodus

Die Orientierung der Roboterhand im Raum ist durch Drehungen A, B und C um die raumfesten Achsen Z, Y und X bestimmt. Bei einer Umorientierung mit Hilfe des Programmierzeigers werden nicht die absoluten Winkel A, B und C, sondern nur die Winkeländerungen ΔA, ΔB und ΔC vorgegeben, die der Zeiger im Orientiermodus ausführt. Dabei ist es im allgemeinen nicht gleichgültig, in welche Reihenfolge die einzelnen Achsen gedreht werden.

Wenn die Roboterhand Drehungen in einer anderen als der vom Zeiger vorgegebenen Reihenfolge nachvollzieht, entstehen fast immer Abweichungen zwischen den Gesamtdrehungen des Zeigers und der Roboterhand. Erst bei infinitesimal kleinen Winkeländerung wird die Orientierung unabhängig von der Reihenfolge der Drehungen. Dazu müssen die Winkeländerungen in verschwindend kurzen Zeitabständen Δt→0 an den Roboter übertragen werden. In der Realisierung ist Δt durch die Ablaufzeit für einen Programmzyklus vorgegeben.

Um die Drehungen zu beobachten, die der Programmierzeiger während der Zeitspanne Δt ausführt, werden zum Bezugszeitpunkt t_0 drei orthogonale Richtungen in Zeigerkoordinaten gespeichert. Nach Ablauf von Δt sind sie um die Winkel ΔA, ΔB und ΔC gegenüber ihren ursprünglichen Richtungen verdreht (Bild 7-10).

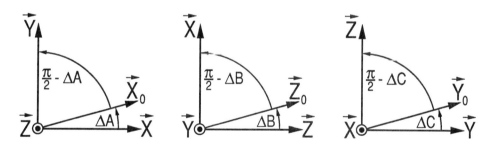

Bild 7-10: Ermittlung der Drehungen ΔA, ΔB, ΔC

Zur Beobachtung der Drehung um die Z-Achse wird ein Vektor in der X-Y-Ebene, z.B. der momentane X-Vektor als $\vec{X}_0=(X_{01}, X_{02}, X_{03})$ gespeichert. Durch die Speicherung in Zeigerkoordinaten ist er relativ zum Programmierzeiger fixiert. Nach der Zeitspanne Δt hat er bei positiver Drehung ΔA (von $\vec{X}$ nach $\vec{Y}$) die in Bild 7-10 skizzierte Lage. ΔA läßt sich dann über das skalare Produkt $\vec{X}_0 \cdot \vec{Y}$ berechnen:

$$\vec{X}_0 \cdot \vec{Y} = |\vec{X}_0| \cdot |\vec{Y}| \cdot \cos\left(\frac{\pi}{2} - \Delta A\right) = \sin \Delta A \qquad \text{Gl.7-7}$$

Gleichung 7-7 gilt nur dann exakt, wenn X_0 nach der Drehung noch in der X-Y-Ebene liegt, d.h. unter der Voraussetzung $\Delta B = \Delta C = 0$. Andernfalls muß $\vec{X}_0$ durch skalare Multiplikation mit $\vec{X}$ und $\vec{Y}$ in die Komponenten der X-Y-Ebene zerlegt werden, aus deren Verhältnis sich dann $\tan \Delta A$ ergibt:

$$\tan \Delta A = \frac{\vec{X}_0 \cdot \vec{Y}}{\vec{X}_0 \cdot \vec{X}} \qquad \text{Gl.7-8}$$

Für kleine Winkeländerungen wird $\vec{X}_0 \cdot \vec{X} = 1$, so daß Gleichung 7-8 in Gleichung 7-7 übergeht. Mit der für kleine Winkel gültigen Näherung $\tan \Delta A = \sin \Delta A = \Delta A$ läßt sich ΔA dann direkt aus $\vec{X}_0 \cdot \vec{Y}$ berechnen:

$$\Delta A = \vec{X}_0 \cdot \vec{Y} = X_{01} \cdot Y_1 + X_{02} \cdot Y_2 + X_{03} \cdot Y_3 \qquad \text{Gl.7-9}$$

Entsprechend ergeben sich nach Bild 7-10 die Drehungen ΔB und ΔC um die Y- bzw. X-Achse mit Hilfe der Vektoren $\vec{Z}_0$ bzw. $\vec{Y}_0$,

$$\Delta B = \vec{Z}_0 \cdot \vec{X} = Z_{01} \cdot X_1 + Z_{02} \cdot X_2 + Z_{03} \cdot X_3 \qquad \text{Gl.7-10}$$

$$\Delta C = \vec{Y}_0 \cdot \vec{Z} = Y_{01} \cdot Z_1 + Y_{02} \cdot Z_2 + Y_{03} \cdot Z_3 \qquad \text{Gl.7-11}$$

Nach erfolgter Berechnung der Drehungen werden die aktuellen X-, Y- und Z-Vektoren als neue Werte X_0, Y_0 und Z_0 für den nächsten Zyklus gespeichert.

Zur Drehung der Roboterhand müssen an die Robotersteuerung die Winkelgeschwindigkeiten ω_X, ω_Y und ω_Z übertragen werden. Sie ergeben sich durch Differentiation nach der Zeit bzw. durch Bildung der zeitdiskreten Differenzenquotienten:

$$\begin{pmatrix} \omega_X \\ \omega_Y \\ \omega_Z \end{pmatrix} = \frac{\partial}{\partial t} \begin{pmatrix} C \\ B \\ A \end{pmatrix} \stackrel{\Delta t \to 0}{=} \frac{1}{\Delta t} \cdot \begin{pmatrix} \Delta C \\ \Delta B \\ \Delta A \end{pmatrix} \qquad \text{Gl.7-12}$$

Um eine kontinuierliche Drehung der Roboterhand zu gewährleisten, sollten die Zeitabstände Δt so kurz wie möglich sein.

7.3.2 Autoraster

Die Autoraster-Funktion quantisiert die Vorgaben an die Robotersteuerung, so daß Bewegungen bzw. Drehungen der Roboterhand nur in den Vorzugsrichtungen nach Bild 7-3 möglich sind. Quantisiert wird dabei das Verhältnis der Komponenten untereinander, d.h. $v_X:v_Y:v_Z$ bzw. $\omega_X:\omega_Y:\omega_Z$. Die Beträge der Geschwindigkeit bzw. Winkelgeschwindigkeit können nach wie vor kontinuierlich vorgegeben werden.

Besonders einfach zu realisieren ist die Autoraster-Funktion im Orientiermodus, weil Drehungen hier nur um die drei raumfesten Achsen zugelassen werden. Gleichung 7-12 wird so modifiziert, daß nur die vom Betrag her größte Winkeländerung zur Berechnung der Winkelgeschwindigkeiten übernommen wird. Die anderen Komponenten werden auf Null gesetzt:

$$\begin{pmatrix} \omega_X \\ \omega_Y \\ \omega_Z \end{pmatrix} \stackrel{\Delta t \to 0}{=} \frac{1}{\Delta t} \cdot \begin{pmatrix} \begin{cases} \Delta C & \text{für } |\Delta C|>|\Delta A| \wedge |\Delta C|>|\Delta B| \\ 0 & \text{für } |\Delta C|<|\Delta A| \vee |\Delta C|<|\Delta B| \end{cases} \\ \begin{cases} \Delta B & \text{für } |\Delta B|>|\Delta A| \wedge |\Delta B|>|\Delta C| \\ 0 & \text{für } |\Delta B|<|\Delta A| \vee |\Delta B|<|\Delta C| \end{cases} \\ \begin{cases} \Delta A & \text{für } |\Delta A|>|\Delta B| \wedge |\Delta A|>|\Delta C| \\ 0 & \text{für } |\Delta A|<|\Delta B| \vee |\Delta A|<|\Delta C| \end{cases} \end{pmatrix} \qquad \text{Gl.7-13}$$

Im Positioniermodus geht die Autoraster-Funktion von der Berechnung der Zeigerrichtung in raumfesten Koordinaten aus (Gl.7-5). Die Zeigerrichtung (X_1,Y_1,Z_1) ist ein Einheitsvektor. Zur Quantisierung ist deshalb kein Vergleich der Komponenten untereinander erforderlich. Ob eine Komponente auf- oder abgerundet wird, hängt allein von deren Wert ab. Wenn der Betrag einer Komponente unter $\sin 22,5°$ liegt, wird sie auf Null gesetzt. Andernfalls wird sie in Abhängigkeit von ihrem Vorzeichen auf k oder -k gerundet. $22,5°$ Abweichung von einer Koordinatenachse ist die Schwelle, bei deren Überschreitung diagonal verfahren wird (Bild 7-3).

$$\begin{pmatrix} X_1' \\ Y_1' \\ Z_1' \end{pmatrix} = \begin{pmatrix} \begin{cases} k & \text{für } X_1 > \sin 22,5° \\ 0 & \text{für } |X_1| < \sin 22,5° \\ -k & \text{für } X_1 < -\sin 22,5° \end{cases} \\ \begin{cases} k & \text{für } Y_1 > \sin 22,5° \\ 0 & \text{für } |Y_1| < \sin 22,5° \\ -k & \text{für } Y_1 < -\sin 22,5° \end{cases} \\ \begin{cases} k & \text{für } Z_1 > \sin 22,5° \\ 0 & \text{für } |Z_1| < \sin 22,5° \\ -k & \text{für } Z_1 < -\sin 22,5° \end{cases} \end{pmatrix} \quad \text{mit } k = \begin{cases} 1 & \text{für } |X_1'|+|Y_1'|+|Z_1'| = k \\ 1/\sqrt{2} & \text{für } |X_1'|+|Y_1'|+|Z_1'| = 2k \\ 1/\sqrt{3} & \text{für } |X_1'|+|Y_1'|+|Z_1'| = 3k \end{cases} \qquad \text{Gl.7-14}$$

Abhängig davon, ob er parallel zu einer Koordinatenachse, einer Flächen- oder Raumdiagonale liegt, hat der quantisierte Zeiger (X'_1, Y'_1, Z'_1) die Länge k, k·$\sqrt{2}$ oder k·$\sqrt{3}$. Durch Anpassung des Faktors k wird (X'_1, Y'_1, Z'_1) zu einem Einheitsvektor. Entsprechend Gleichung 7-6 ergeben sich daraus nach Multiplikation mit der skalaren Geschwindigkeitsvorgabe v bzw. -v die Komponenten v_X, v_Y und v_Z der Verfahrgeschwindigkeit.

7.4 Einsatzerfahrungen

Unter den bisher behandelten Bedienelementen kommt der Programmierzeiger den Forderungen am weitesten entgegen, die in der Aufgabenstellung an die Gestaltung von Bedienelementen zur Bewegungsführung gestellt wurden. Er ist ohne umfangreiche Anpassungen in Verbindung mit allen (maximal sechsachsigen) Robotern einsetzbar, sofern deren Steuerungen über geeignete Schnittstellen verfügen. Obwohl er als völlig neuartiges Programmierwerkzeug eingestuft werden kann, benötigt ein Anwender kaum Einarbeitungs- und Gewöhnungszeit.

Der Programmierzeiger versetzt den Anwender in die Lage, die Bewegungen seiner Hand einfach und direkt in Bewegungen der Roboterhand umzusetzen. Im Vergleich mit der mobilen, orientierungsneutralen Sensorkugel wird als Erleichterung empfunden, daß keine Plattform zur Aufnahme der Bedienkräfte mehr gehalten werden muß. Vorteilhaft ist auch, daß im Positioniermodus die Bewegungsrichtung unabhängig von der Geschwindigkeit vorgegeben werden kann.

Nach präzisem Referieren des Programmierzeigers sind für den Anwender keine Richtungsabweichungen zwischen den Vorgaben des Zeigers und den Bewegungen des Roboters festzustellen. Durch Aktivierung der Autoraster-Funktion läßt sich die Genauigkeit des Robotersystems vollständig ausnutzen; d.h. der Roboter verfährt in den gerasterten Richtungen exakter, als es den Vorgaben des Programmierers entspricht.

Wenn der Programmierer seine Position nach dem Referieren um einige Meter ändert, können unter Umständen merkliche horizontale Winkelfehler der Roboterbewegungen gegenüber den Vorgaben auftreten. In diesen Fällen ist der Programmierzeiger mit einer kurzen Handbewegung schnell neu referiert. Es ist zweckmäßig, die Bezugsrichtung jedes Roboters durch einen Pfeil an gut sichtbarer Stelle zu markieren. Störungen durch magnetische Wechselfelder sowie Beeinflussungen des Erdmagnetfeldes in einer Stärke, die die Funktion des Programmierzeigers unterbinden, konnten nicht beobachtet werden. Bei extrem starken Störungen ließe sich das Erdmagnetfeld selbstverständlich durch ein künstliches Stützfeld ersetzen — genauso wie das Gravitationsfeld *und* das Erdmagnetfeld durch zwei nicht parallele künstliche Stützfelder ersetzt werden können.

Störbeschleunigungen durch Bewegungen des Programmierzeigers machen sich nicht bemerkbar, weil der Zeiger normalerweise ruhig gehalten wird, wenn die Situation präzise Bewegungsvorgaben verlangt. Um die Neigungsmessung zu stören, müßte der Zeiger durch Schütteln heftigen Querbeschleunigungen ausgesetzt werden. Durch die Normierung des Gravitationsvektors verursachen Vertikalbeschleunigungen keine Funktionsstörungen, solange sie die Erdbeschleunigung nicht aufheben oder umkehren.

Die vorliegende erste Version des Programmierzeigers ist in der gleichen Weise an die Robotersteuerung angekoppelt wie das mobile Bedienfeld, so daß sich auch hier die bereits beschriebenen Nachteile ergeben. Durch den Einsatz einer schnelleren Steuerung des Typs RCM 3 konnten die Reaktionszeiten des Roboters auf Vorgaben des Programmierzeigers verkürzt werden; trotzdem ist immer noch eine deutliche Verzögerung bemerkbar, die auf die langsame, serielle Datenübertragung zurückzuführen ist. Mit ca. 79ms benötigt die Übertragung mehr Zeit als die parallel ablaufende Berechnung der Daten und bestimmt so die Zykluszeit. Darauf ist auch zurückzuführen, daß Drehungen nicht so kontinuierlich auf die Roboterhand übertragen werden, wie dies möglich wäre.

Die unzureichende Kommunikation mit der Robotersteuerung läßt außerdem einige kinematische Probleme deutlich in Erscheinung treten: Roboter mit Knickarmkinematik z.B. können die in Basiskoordinaten vorgegebenen Fahrgeschwindigkeiten nicht immer einhalten (Bild 2-5). Im Orientiermodus ist die Roboterhand bei kritischen Achsstellungen (Bild 2-6) nicht in der Lage, schnellen Drehungen des Programmierzeigers zu folgen. Diese roboterspezifischen Beschränkungen können vom Programmierzeiger nicht berücksichtigt werden, weil keine Informationen über die Gelenkstellungen vorliegen. Die Robotersteuerung schaltet in derartigen Situationen die Antriebe ab und meldet einen Fehler. Eine automatische Begrenzung der Geschwindigkeiten und Beschleunigungen seitens der Robotersteuerung, die bei der sensorgesteuerten Bahnkorrektur fehlt, würde das Problem lösen.

7.5 Weiterentwicklung

Für den praxisnahen Einsatz des Programmierzeiger sind noch einige Verbesserungen erforderlich. Vor allem muß eine Verbindung zur Robotersteuerung hergestellt werden, über die der Roboter im Lernprogrammiermodus ohne merkliche Verzögerung bewegt werden kann. Eine ideale Lösung wäre der direkte Zugriff auf die Speicherplätze der Robotersteuerung, die die Sollwerte für die Position X,Y,Z und die Orientierung A,B,C enthalten. Da im Orientiermodus primär Winkeländerungen vorgegeben werden, ist es sinnvoll, diese direkt in den entsprechenden Speicherplätzen zu akkumulieren. Funktionserweiterungen wie z.B. Autoraster in Werkzeug- und roboterspezifischen Koordinaten erfordern einen noch tieferen Eingriff in die Software der Robotersteuerung.

Unter Verwendung hochintegrierter elektronischer Komponenten in SMD-Technik (Surface Mounted Device) ist es möglich, das Mikrocomputersystem zur Sensorsignalverarbeitung und Roboterkommunikation noch im Gehäuse des Programmierzeigers unterzubringen. Auch der Platzbedarf und die Kosten der Sensorik können durch den Einsatz neuer Entwicklungen erheblich gesenkt werden. Schließlich ist es vorstellbar, den Programmierzeiger mit einer alphanumerischen oder graphischen Flachanzeige auszurüsten und die Funktionen eines Programmierhandgerätes zu integrieren.

7.5.1 Erweiterung des Funktionsumfangs

Um die Feinfühligkeit und Schnelligkeit der Bewegungsführung zu erhöhen, sollten die Vorgaben des Programmierzeigers eine progressive Charakteristik erhalten. Im Positioniermodus bedeutet dies, daß die Verfahrgeschwindigkeit überproportional zum Tastendruck ansteigt. Im Orientiermodus werden die Vorgaben an den Roboter bei langsamen Zeigerdrehungen verkleinert, bei schnellen vergrößert. Der Maßstab, mit dem Orientierungsänderungen des Zeigers auf die Roboterhand übertragen werden, vergrößert sich dann mit der Winkelgeschwindigkeit der Zeigerdrehungen.

Der Programmierzeiger läßt sich auch zur Steuerung eines Roboters einsetzen, der entsprechend Bild 5-2 über die Reaktionskräfte bzw. -momente der Roboterhand gegengekoppelt ist. Beim Kontakt mit Hindernissen korrigiert die Gegenkopplung die Position bzw. Orientierung der Roboterhand entgegen der Richtung des größten Widerstandes und erleichtert so z.B. Fügeoperationen.

Bei extrem starken Störungen des Erdmagnetfeldes besteht die Möglichkeit, daß sich der Roboter in einer völlig unerwarteten Richtung bewegt. Während der Benutzung des Programmierzeigers konnte zwar kein einziger derartiger Fall beobachtet werden, trotzdem sollte die Stabilität der Referenzrichtung überwacht werden. Dazu können sowohl der Betrag $|\vec{B}|$ als auch der Inklinationswinkel i des Erdmagnetfeldes herangezogen werden. Es ist äußerst unwahrscheinlich, daß sich die Mißweisung plötzlich stark ändert, während diese beiden Größen konstant bleiben. Durch Abänderung der Gleichung 6-8 läßt sich die Überwachung des Inklinationswinkels i mit der Berechnung des normierten magnetischen Ostvektors $\vec{O}$ kombinieren:

$$\cos i = \left| \frac{\vec{G}}{|\vec{G}|} \times \frac{\vec{B}}{|\vec{B}|} \right| \qquad \text{Gl.7-15}$$

$$\vec{O} = \frac{1}{\cos i} \cdot \frac{\vec{G}}{|\vec{G}|} \times \frac{\vec{B}}{|\vec{B}|} \qquad \text{Gl.7-16}$$

Zum Zeitpunkt des Referierens werden $|\vec{B}|$ und $\cos i$ gespeichert. Falls während des Betriebes starke Abweichungen gegenüber den gespeicherten Werten auftreten, wird der Roboter blockiert, und ein akustisches Signal fordert den Programmierer auf, neu zu referieren.

Bei der Programmierung von Einlege- und Fügeoperationen ist es oft erforderlich, die Roboterhand exakt in Richtung einer der raumfesten Achsen X, Y oder Z auszurichten. In diesem Fall wäre die Betriebsart *Absolut Orientieren* eine große Hilfe. Dabei hält der Programmierer den Zeiger mit der Genauigkeit der Autoraster-Grenzen parallel zu einer der raumfesten Achsen X, Y oder Z und betätigt gleichzeitig die Tasten *Orientierung*

Ändern und *Verfahrgeschwindigkeit*. Der Roboter orientiert seine Hand dann exakt parallel zu der entsprechenden Raumachse, wobei die Winkelgeschwindigkeit der Umorientierung dem Tastendruck entspricht. Diese Funktionserweiterung erfordert eine verbesserte Kommunikation mit der Robotersteuerung, weil nicht Winkeländerungen sondern die absolute Orientierung der Hand übermittelt werden muß.

Richtungsfahrtasten (siehe Abschnitt 2.3.1) zur Bewegungsführung eines Roboters lassen sich wahlweise roboterspezifischen, Basis- oder Werkzeugkoordinaten zuordnen (Bild 2-4). Der Programmierzeiger benötigt diese Vorstellung der Koordinatensysteme nicht mehr. Trotzdem ist es manchmal sinnvoll, Bewegungen durch die Autoraster-Funktion auf Vorzugsrichtungen zu beschränken. Die bisher im Funktionsumfang des Programmierzeigers enthaltene Autoraster-Funktion bezieht sich auf das Basiskoordinatensystem des Roboters. Sie läßt sich auf Werkzeug- und auch auf roboterspezifische Koordinaten erweitern.

Die Autoraster-Funktion in Werkzeugkoordinaten bewirkt, daß sich das Roboterwerkzeug z.B. exakt in seiner Längsrichtung (d.h. in z-Richtung) bewegt, wenn der Zeiger ungefähr parallel zu dieser Richtung gehalten wird. Ob Bewegungen nur achsparallel oder auch diagonal zu den Werkzeugkoordinaten möglich sind, hängt von der Rasterauflösung ab. Drehungen um

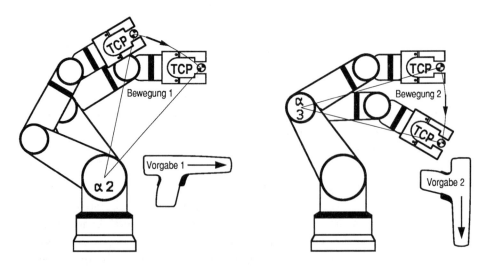

Bild 7-11: Autoraster in roboterspezifischen Koordinaten

die Werkzeugachsen werden ebenso gerastert. Zur Realisierung der Funktion muß die Orientierung des Werkzeugs bekannt sein. Die Bewegungsvorgaben werden dann in den Werkzeugkoordinaten x,y,z ausgedrückt und entsprechend Abschnitt 7.3.2 quantisiert.

Bei Anwahl der Autoraster-Funktion in roboterspezifischen Koordinaten bewegt sich immer nur das Robotergelenk, für das die Koordinatentransformation die größte Gelenkstellungsänderung ergibt. Wenn der Programmierzeiger z.B. die Richtungen 1 bzw. 2 nach Bild 7-11 vorgibt, bewegt der Roboter nur die Achsen $\alpha 2$ bzw. $\alpha 3$.

Sinnvoll ist diese Funktion z.B. bei Knickarmrobotern, um das Werkzeug in den sogenannten "Über-Kopf"-Bereich zu bewegen.

Zur Realisierung der Funktion werden die Bewegungsvorgaben erst nach der Transformation in roboterspezifische Koordinaten quantisiert, so daß nur die größte Gelenkstellungsänderung ausgeführt wird. Ohne Eingriff in die Software der Robotersteuerung ist dies praktisch nicht durchzuführen.

7.5.2 Neue Sensorentwicklungen

Die Herstellungskosten des Programmierzeigers werden entscheidend durch den Preis der Sensorik bestimmt. Es ist aber zu erwarten, daß neue Entwicklungen und der steigende Bedarf nach Sensoren −vor allem im Automobilbau− diesen Kostenanteil senken. Beschleunigungsaufnehmer werden z.B. in den elektronisch gesteuerten Fahrwerksystemen zukünftiger Automobile benötigt. Bedarf nach Magnetfeldsensoren besteht in den elektronischen Kompaßsystemen der Kraftfahrzeugnavigation.

7.5.2.1 Beschleunigungsaufnehmer in Silizium-Technologie

Mit der Silizium-Technologie, die zur Herstellung integrierter Schaltkreise eingesetzt wird, sind Beschleunigungsaufnehmer in großen Stückzahlen preisgünstig herzustellen. Bild 7-12 zeigt den prinzipiellen Aufbau eines integrierten Silizium-Beschleunigungsaufnehmers, dessen Abmessungen

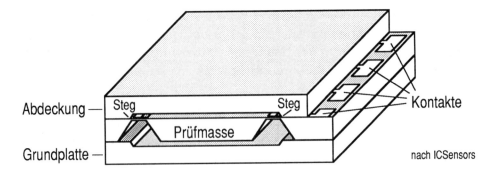

Bild 7-12: Silizium-Beschleunigungsaufnehmer

im Bereich weniger Millimeter liegen: Aus der mittleren Silizium-Scheibe ist eine freischwingende Masse herausgeätzt, die über vier Stege federnd mit dem Rahmen verbunden ist. Beschleunigungskräfte auf diese Prüfmasse verformen die Stege, in die Dehnungsmeßstreifen (DMS) implantiert sind. Die Maximalauslenkung der Prüfmasse wird durch die Grundplatte und die Abdeckung begrenzt. Das eingeschlossene Gasvolumen bedämpft die Schwingungen der Prüfmasse.

Die Halbleiter-DMS sind so zu einer Brückenschaltung verbunden, daß sich bei positiven Beschleunigungen zwei gegenüberliegende Widerstände vergößern, während sich die beiden anderen verringern. Die Verstimmung der Brücke ist so ein Maß für die Beschleunigung. Abhängig von der mechanischen Bemessung (Prüfmasse, Steifigkeit der Aufhängung) erfaßt der Sensor den Frequenzbereich von Null bis zu einigen Kilohertz.

Alternativ zu den Dehnungsmeßstreifen kann die Auslenkung der Prüfmasse auch kapazitiv erfaßt werden. Die Meßanordnung besteht in diesem Fall aus der Prüfmasse als Mittelelektrode und zwei ober- und unterhalb angebrachten festen Elektroden. An die äußeren Elektroden werden zwei gegenphasige Wechselspannungen angelegt, so daß die Mittelelektrode im Ruhezustand neutrales Potential führt. Die Potentialverschiebung bei Auslenkung der Mittelelektrode ist ein Maß für die Beschleunigung /46/. Wenn die Auslenkung durch elektrostatische Kräfte auf die Mittelelektrode kompensiert wird, entsteht ein kraftkompensierter Beschleunigungsaufnehmer, der sich durch große Meßgenauigkeit auszeichnet. /47/, /48/

7.5.2.2 Neue Bauformen von Magnetometern

Die im Programmierzeiger eingesetzten Ringkernsonden nach Bild 6-13 b) bzw. c) sind durch die komplizierte Bewicklung schwer zu fertigen. Eine wesentlich einfacher aufgebaute Sonde zur Messung des Erdmagnetfeldes zeigt <u>Bild 7-13</u>. Sie enthält eine weichmagnetische Folie der Form a), die mit zwei senkrecht zueinander angeordneten Spulen (1, 2) bewickelt ist b). Die Folie besteht aus einem amorphen Metall hoher Permeabilität und äußerst geringer magnetischer Remanenz.

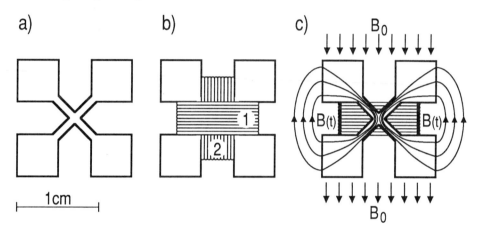

<u>Bild 7-13</u>: 2-D-Magnetfeldsonde

Amorphe Metallfolien, die durch extrem rasches Abkühlen aus der Schmelze hergestellt werden, haben keine Kristallstruktur und werden deshalb auch als metallische Gläser bezeichnet. Gegenüber kristallinen Metallen zeichnen sie sich durch einige Eigenschaften aus, die für die vorliegende Anwendung wichtig sind. Die amorphe Struktur macht sie magnetisch isotrop; d.h. sie haben keine magnetische Vorzugsrichtung. Mit einer geeigneten Legierung lassen sie sich außerdem fast magnetostriktionsfrei herstellen, so daß sich mechanische Spannungen kaum auf die magnetischen Eigenschaften auswirken.

Die Messung zweier senkrechter Magnetfeldkomponenten erfolgt zeitlich nacheinander, indem jeweils eine der beiden Spulen mit einer Meßschaltung verbunden wird. Für ein 3-D-Magnetometer wird eine zweite Sonde mit einer Spule benötigt, die senkrecht zur ersten Sonde ausgerichtet ist.

Bild 7-13c) veranschaulicht die Messung einer Feldkomponente. Die Spule 1 wird mit einem Strom gespeist, der von einem negativen Minimalwert über Null bis zum positiven Maximalwert zeitproportional ansteigt. Der erzeugte magnetische Fluß durchsetzt den Außenraum und die metallische Folie. Im Zentrum der Folie, wo der Fluß den geringsten Querschnitt durchdringt, erreicht die Flußdichte $B_{(t)}$ die größte Amplitude. Dort wird das Material bis in die negative bzw. positive magnetische Sättigung ausgesteuert.

Während des Stromanstiegs werden die Zeit Δt_- von der Entsättigung bis zum Nulldurchgang des Stroms sowie die Zeit Δt_+ vom Nulldurchgang bis zur positiven Sättigung gemessen. Unter der Voraussetzung, daß die Magnetisierungkurve des Folienmaterials symmetrisch und hysteresefrei ist (wie z.B. in Bild 6-12), sind beide Zeiten gleich. Sobald ein äußeres Feld B_0 die Folie durchsetzt und sich der Aussteuerung $B_{(t)}$ überlagert, verschieben sich die Sättigungs- und Entsättigungszeitpunkte und die gemessenen Zeiten ändern sich gegensätzlich. Die Differenz der beiden Zeiten, die sich sehr einfach mit einem Mikrocomputersystem erfassen lassen, ist ein Maß für B_0:

$$B_0 \sim \Delta t_- + \Delta t_+ \qquad \text{Gl. 7-17}$$

Als Kriterium für die Sättigung dient die differentielle Induktivität der Wicklung, die sich sehr stark verringert, wenn das Folienmaterial gesättigt wird. Der Sättigungszustand läßt sich z.B. daran erkennen, daß sich das Impulsübertragungsverhalten der Kombination aus einem Widerstand und der Spuleninduktivität bei Kleinsignalaussteuerung ändert /49/. Die Spuleninduktivität kann auch als frequenzbestimmender Teil eines Oszillators eingesetzt werden, der mit sehr kleiner Amplitude schwingt. In diesem Fall zeigt ein starker Frequenzanstieg die Sättigung an.

Neben der beschriebenen Sonde, die auf dem Prinzip der Förster-Sonde aufbaut, gibt es neue Entwicklungen bei magnetoresistiven Sensoren (MSR). MSR sind als integrierte Brückenschaltung verfügbar. Zur Erzeugung eines eindeutigen Ausgangssignals benötigen diese Bausteine ein magnetisches Vorspannfeld (siehe Abschnitt 6.1.2.2). Wenn das Vorspannfeld seine Richtung um 180° dreht, ändert der meßwertabhängige Anteil der Brückenspannung seine Polarität – der Nullpunktfehler der Brücke aber bleibt gleich.

Dieser Effekt läßt sich zur Kompensation der Nullpunktfehler benutzen. Dazu wird das Vorspannfeld durch Spulen periodisch umgedreht und die MSR-Brückenspannung synchron gleichgerichtet. In Verbindung mit den empfindlichsten MSR-Brücken ist es so möglich, die temperaturabhängige Nullpunktdrift der Bauelemente soweit auszugleichen, daß das Erdmagnetfeld mit ausreichender Genauigkeit zu erfassen ist. /50/

8. Ausblick:

Die Bewegungsführung bzw. Bewegungsprogrammierung kann als Problem der dreidimensionalen Kurzstreckennavigation betrachtet werden. Wenn es gelingt, Positionen und Orientierungen im Raum berührungslos zu erfassen, sind frei bewegliche Bedienelemente zur Bewegungsführung realisierbar. Mit einem Bedienelement, dessen räumliche Bewegungen vom Roboter in allen Achsen nachvollzogen werden, wird die Bewegungsführung so einfach wie die Verschiebung einer Bildschirmmarke mit einer Computermaus. Darüberhinaus wird es — bei ausreichender Navigationspräzision — möglich, Bewegungsabläufe im Teach-In- oder Playback-Verfahren direkt zu programmieren, ohne den Roboter selbst zu benutzen.

Der Programmierzeiger nach Kapitel 7 entspricht hinsichtlich der Orientierung bereits einem derartigen Bedienelement. Allerdings eignet er sich noch nicht zur direkten Bewegungsprogrammierung, weil er keine Positionen erfaßt und die 3-D-Orientierungserfassung für viele Anwendungen nicht exakt genug ist.

Mit Hilfe von drei *nicht* homogenen, magnetischen Feldern ist es möglich, auch räumliche Positionen zu erfassen. Nach <u>Bild 8-1</u> erzeugt eine Anord-

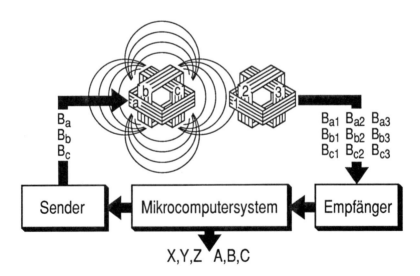

<u>Bild 8-1</u>: Positions- und Orientierungsbestimmung über Magnetfelder

nung aus drei gekreuzten, orthogonalen Erregerspulen drei niederfrequente, magnetische Wechselfelder $\vec{B}_a$, $\vec{B}_b$ und $\vec{B}_c$, die von einer 3-D-Kreuzrahmenantenne vermessen werden. Aus den Richtungen der drei Felder untereinander errechnet das Mikrocomputersystem die Position und Orientierung der Antenne am jeweiligen Empfangsort.

Dieses System /51/ ist z.B. zur 3-D-Digitalisierung nichtmetallischer Objekte vorgesehen. Metallische Körper verzerren die Magnetfelder und stören vor allem die Positionsbestimmung, die besonders empfindlich auf Winkelfehler reagiert. Zur Bewegungsprogrammierung an Robotern ist das Verfahren deshalb nur bei reduzierten Genauigkeitsansprüchen geeignet.

Bild 8-2 zeigt ein Werkzeug zur Bewegungsprogrammierung, dessen Position und Orientierung optisch vermessen werden /52/. Es besteht aus einem Handgriff, einer Fläche mit Infrarot-Leuchtdioden und einem Zeiger, der den zu vermessenden Werkzeugreferenzpunkt markiert. Die sequentiell aktivierten Leuchtdioden werden von zwei elektronischen Kameras aufgenommen. Aus den zweidimensionalen Messungen der beiden Kameras lassen sich die räumlichen Positionen der Leuchtdioden errechnen. Zur Bestimmung der Werkzeugorientierung sind die Positionen von mindestens drei Dioden erforderlich, die nicht auf einer Linie liegen dürfen.

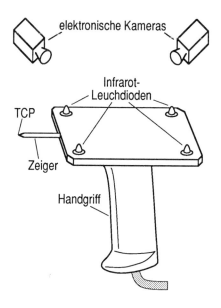

Bild 8-2:
Bewegungsprogrammierung mit optischer Bahnerfassung

Positionsmessungen mit Kameras sind auf Winkelmessungen zwischen den Objekten und der optischen Achse zurückzuführen. Die Genauigkeit hängt vor allem von der Auflösung der Kameras und der Größe des zu überblickenden Arbeitsraums ab. In Arbeitsräumen von wenigen Kubikmetern lassen sich Bewegungen mit meist ausreichender Genauigkeit (d.h. ±1mm) programmieren. Das Verfahren stößt jedoch an Grenzen, sobald große Roboter zu programmieren sind. In diesen Fällen müssen zusätzliche Kameras eingesetzt werden.

Elektronische Ortungsverfahren in der Luft- und Seefahrt (Decca, Loran, Omega) bestimmen unbekannte Positionen, indem sie Phasenverschiebungen oder Laufzeitdifferenzen zwischen Funksignalen messen, die von bekannten Standorten abgestrahlt werden /31/. Diese Langstrecken-Ortungsverfahren lassen sich in abgewandelter Form auch für die Kurzstreckennavigation im Arbeitsraum eines Roboters einsetzen. Gegenüber den bekannten Verfahren vereinfachen sich die Verhältnisse sogar insofern, als sich Entfernungen zu Referenzpunkten direkt über Laufzeiten bzw. Phasenverschiebungen zwischen Abstrahlung und Empfang eines Signals bestimmen lassen. Signalträger können z.B. Lichtwellen, aber auch Ultraschallwellen sein.

Eine Position $P_0=(x_0,y_0,z_0)$ im Raum ist über deren Abstände r_1, r_2 und r_3 zu mindestens drei Referenzpunkten $R_1=(x_1,y_1,z_1)$, $R_2=(x_2,y_2,z_2)$ und $R_3=(x_3,y_3,z_3)$, die nicht auf einer Linie liegen, zu ermitteln (<u>Bild 8-3</u>):

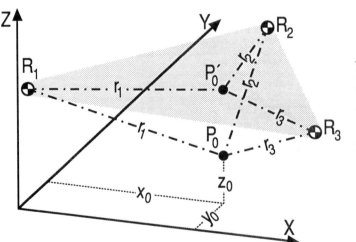

<u>Bild 8-3</u>:
Positionsbestimmung über Abstandsmessungen zu drei Referenzpunkten

Durch die Messungen der Abstände r_1, r_2 und r_3 sind die Radien dreier Kugeln mit den Referenzpunkten als Zentren festgelegt. P_0 ist ein Schnittpunkt der Durchdringungskurven dieser drei Kugeln. Weil im allgemeinen noch ein zweiter Schnittpunkt P_0' existiert, ist die Position mit nur drei Abstandsmessungen allein noch nicht eindeutig bestimmt. Zur eindeutigen Lösung des Gleichungssystems

$$r_1^2 = (x_0 - x_1)^2 + (y_0 - y_1)^2 + (z_0 - z_1)^2$$
$$r_2^2 = (x_0 - x_2)^2 + (y_0 - y_2)^2 + (z_0 - z_2)^2 \quad\quad \text{Gl. 8-1}$$
$$r_3^2 = (x_0 - x_3)^2 + (y_0 - y_3)^2 + (z_0 - z_3)^2$$

nach x_0, y_0, und z_0 muß deshalb noch bekannt sein, ob die Position P_0 unterhalb oder oberhalb der Referenzpunktebene liegt.

Da im Betrieb Referenzpunkte abgedeckt werden können, sollte ein System zu berührunglosen Positionsbestimmung immer redundant mit mehr als drei Referenzpunkten aufgebaut werden. Aus einer Messfolge wird dann die günstigste Dreierkombination zur Positionsbestimmung herangezogen. Die Orientierung einer Ebene läßt sich aus den Positionsmessungen von drei Ebenenpunkten bestimmen, die nicht auf einer Linie liegen.

Bei der Messung kurzer Distanzen über die Laufzeit elektromagnetischer Impulse sind extrem kurze Zeiten zu erfassen. Für 3mm Meßgenauigkeit muß die Zeitmessung 10ps auflösen. Das ist möglich, aber technisch sehr aufwendig. Wesentlich einfacher ist die Phasendifferenz zwischen Ausstrahlung und Empfang einer kontinuierlichen Welle zu messen. Als Maßstab dient in diesem Fall die Wellenlänge. Da sich die Phasenbeziehungen mit dem Zyklus einer Wellenlänge wiederholen, sind Distanzen nur innerhalb einer Wellenlänge eindeutig zu bestimmen. Durch Zählung der Phasendurchgänge lassen sich aber auch zurückgelegte Wege von mehr als einer Wellenlänge messen.

Laserinterferometer /53/ nutzen als Maßstab direkt die Wellenlänge des ausgesandten Lichtstrahls. Ein System, das Referenzpunktdistanzen mit Laserinterferometern mißt und daraus 3-D-Positionen ermittelt, ist in /54/ beschrieben. Weil die Interferometer Distanzen über einer Wellenlänge nicht direkt, sondern durch Zurücklegen und Abzählen messen, darf während des Betriebs jedoch keiner der Laserstrahlen unterbrochen werden.

Mit 10m Wellenlänge (entsprechend 30MHz) sind Distanzen in den Arbeitsräumen der meisten Roboter eindeutig zu bestimmen. Die Abstrahlung einer elektromagnetischen Welle von 10m erfordert allerdings unhandlich große Antennen. Außerdem wird die Ausbreitung durch Metallmassen gestört. Eine Lösungsmöglichkeit besteht darin, die Amplitude eines von Laserdioden gesendeten Lichtstrahls mit 30Mhz zu modulieren. Nach Durchlaufen der Meßdistanz empfängt und demoduliert eine Photodiode den Lichtstrahl (Bild 8-4).

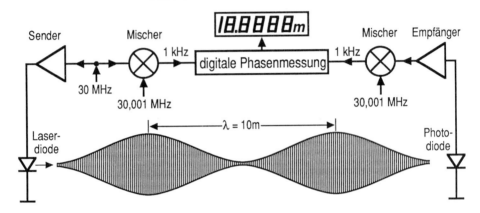

Bild 8-4: Distanzmessung mit amplitudenmoduliertem Licht

Da Phasenverschiebungen im Niederfrequenzbereich genauer zu messen sind, werden Sende- und Empfangssignal nicht direkt verglichen, sondern auf 1kHz abgemischt. Die ursprüngliche Phasenverschiebung bleibt dabei erhalten. Wenn die Zeiten zwischen den Nulldurchgängen der beiden 1kHz-Signale mit 100MHz-Impulsen ausgezählt werden, ergibt sich eine Phasenauflösung von $2\pi/100000$. Dies entspricht einer Distanzauflösung von 0,1mm. Die Sende- und Mischfrequenzen werden mit Teilern und Phasenregelkreisen (PLL) von einem Schwingquarz abgeleitet. Distanzmeßgeräte nach ähnlichen Verfahren werden z.B. in der Geodäsie eingesetzt /55/.

Die Genauigkeit des Verfahrens hängt unter anderem von der atmosphärischen Lichtgeschwindigkeit ab. Im Gegensatz zur Vakuumlichtgeschwindigkeit c_0 (299792458 m/s) ist diese keine Konstante, sondern eine Funktion der Lichtwellenlänge sowie der Temperatur, des Drucks, der Feuchte und des CO_2-Gehalts der Luft. Für Anwendungen im Bereich der

Bewegungsprogrammierung von Robotern sind Änderungen der atmosphärischen Lichtgeschwindigkeit jedoch zu vernachlässigen. Bei den relativ kurzen Distanzen wirken sich besonders Laufzeitschwankungen der elektronischen Komponenten als Nullpunktfehler auf die Meßgenauigkeit aus.

Um lageunabhängig zu sein, sollten die Sender bzw. Empfänger zur Signalübermittlung keine ausgeprägte Richtcharakteristik aufweisen. Ideal, aber praktisch nicht zu realisieren, sind Kugelstrahler. Ein Sender mit Rundstrahlcharakteristik läßt sich durch Anordnung mehrerer Laserdioden auf einer Kugeloberfläche annähern. Die Empfänger an den Referenzpunkten müssen dann nur noch ein bestimmtes Raumsegment erfassen.

Neben dem beschriebenen optischen Verfahren können Distanzen auch mit Ultraschallimpulsen bestimmt werden. Die im Vergleich zur Lichtgeschwindigkeit wesentlich kleinere Schallgeschwindigkeit ermöglicht hier die Messung der Impulslaufzeit. Echos, die den Phasenvergleich kontinuierlicher Schallwellen stören würden, verursachen keine Fehler, wenn immer nur der erste empfangene Impuls ausgewertet wird. Ein 3-D-Positionsmeßsystem auf Ultraschallbasis ist in /56/ beschrieben.

Ultraschall-Rundstrahler können z.B. durch mehrere kleine Sender angenähert werden. Kugelwellen sind aber auch mit rund geformten piezoelektrischen Folien oder mit Funkenentladungen (Knallpunktstrahler) zu erzeugen.

Wesentlichen Einfluß auf die Meßgenauigkeit hat das Übertragungsmedium Luft. Die Schallgeschwindigkeit (344 m/s bei 20^0C und 1013 hPa) hängt sehr stark von der Lufttemperatur und in geringerem Maß vom Luftdruck und der Luftfeuchte ab. Vor allem der große Temperaturkoeffizient von 0,17%/K macht eine Kompensation unerläßlich. Durch Messung einer Vergleichdistanz sind die Einflußgrößen am besten zu kompensieren. Der Einfluß lokaler Luftströmungen ist jedoch nur auszuschließen, indem jeder Ultraschallimpuls die Meßdistanz in beiden Richtungen durchläuft.

Die bisher beschriebenen Verfahren zur räumlichen Kurzstreckennavigation haben den gemeinsamen Nachteil, daß sie jederzeit Verbindungen zu Referenzpunkten halten müssen. Inertiale Navigationssysteme, die in der Luft- und Seefahrt und seit einiger Zeit auch in der Geodäsie /57/ eingesetzt werden, sind dagegen nach einmaligem Referieren vollständig autonom. Sie ermitteln die unbekannte Position $\vec{P}_{(T)} = (x_{(T)}, y_{(T)}, z_{(T)})$ aus der zur Referenzzeit T_0 bekannten Position $\vec{P}_{(T_0)}$ durch zweifache Integration der Beschleunigung:

$$\vec{P}_{(T)} = \vec{P}_{(T_0)} + \vec{v}_{(T_0)} \cdot (T-T_0) + \int_{T_0}^{T} \int_{T_0}^{t} (\vec{a}_{(t)} - \vec{g}) \, dt \, dt \qquad Gl.8\text{-}2$$

Neben der Position muß zur Referenzzeit auch die Geschwindigkeit $\vec{v}_{(T_0)}$ bekannt sein. Im Schwerefeld der Erde ist von der gemessenen Beschleunigung $\vec{a}_{(t)}$ die Schwerebeschleunigung $\vec{g}$ zu subtrahieren.

Zur Messung sind drei Beschleunigungsaufnehmer orthogonal auf eine kardanisch gelagerte und kreiselstabilisierte Plattform montiert. Die Plattform wird beim Referieren am Koordinatensystem ausgerichtet und dient als Richtungsreferenz (Plattform-System). Alternativ kann die Orientierung des Navigationssystems auch durch Integration der Drehraten ermittelt werde, die sich mit gefesselten Kreiseln oder Faserkreiseln (siehe Abschnitt 6.1.1) messen lassen (strap-down-System). /58/

Durch die zweifache Integration führen Meßfehler zu quadratisch mit der Zeit wachsenden Positionsabweichungen. Ein konstanter Beschleunigungsfehler von 1µg z.B. bewirkt nach einer Minute 18mm Abweichung. An die Präzision der Beschleunigungsaufnehmer und Kreisel eines inertialen Navigationssystems werden deshalb extrem hohe Anforderungen gestellt.

Die erforderliche Präzision treibt die Preise inertialer Navigationssysteme in eine Größenordnung, die Anwendungen im Roboterbereich zur Zeit noch unrealistisch erscheinen lassen. Neue Entwicklungen auf dem Gebiet der Sensorik könnten diese Situation aber langfristig ändern /59/. Deshalb sollte der Einsatz inertialer Meßsysteme zur Roboterprogrammierung weiterverfolgt werden — ohne jedoch Verfahren auf der Basis optoelektronischer Distanzmessungen zu vernachlässigen.

9. Zusammenfassung

Industrierobotersysteme müssen ein hohes Maß an Flexibilität besitzen. Sie sollen auch kleine Losgrößen wirtschaftlich bearbeiten und sich schnell umprogrammieren lassen. Dem verstärkten Robotereinsatz steht jedoch oft ein in Relation zur Produktionszeit nicht vertretbarer Zeitaufwand für die Programmierung entgegen. An dieser Situation haben auch zahlreiche Roboter-Programmiersprachen nichts geändert, da die Bewegungsprogrammierung am Bildschirm mit den derzeitigen expliziten Programmiersprachen nicht praktikabel ist. Im Rahmen der prozeßnahen Programmierung werden die Bewegungen auch in nächster Zeit am Roboter programmiert werden. Zur Vermeidung unnötiger Stillstandszeiten wird die Zusammenstellung der Bewegungssätze allerdings prozeßfern, am Bildschirm erfolgen.

Die prozeßnahe Programmierung wird vor allem durch die zeitintensive Bewegungsführung des Roboters entlang der zu programmierenden Bahn bestimmt. Dabei sind geeignete Bediengeräte zur Steuerung der Roboterantriebe erforderlich, mit deren Hilfe der Programmierer seine Vostellungen möglichst unkompliziert in die entsprechenden Roboterbewegungen umsetzen kann. Ausgehend vom Aufbau und der Steuerung moderner Industrierobotersysteme beschreibt die vorliegende Arbeit die Entwicklung neuer, ergonomische Bediengeräte, die die Bewegungsführung beschleunigen und so zu einer effizienteren Roboternutzung beitragen.

Zunächst werden Elemente (Steuerknüppel, Kraft-Momenten-Sensoren) und Möglichkeiten (Weg-, Geschwindigkeits-, Kraftvorgabe) vorgestellt, die Motorik der menschlichen Hand in Roboterbewegungen umzusetzen. Bedienelemente sollen aber nicht nur die Führung der Roboterbewegungen ermöglichen, sondern gleichzeitig auch ein Gefühl für die Aktionskräfte und -momente des Roboters vermitteln. Dazu werden zwei Verfahren beschrieben: Bei der Kraftgegenkopplung werden die Aktionskräfte an der Roboterhand gemessen und von den Bewegungsvorgaben des Bedienelementes subtrahiert. Sobald eine Kraft auf die Roboterhand ausgeübt wird, muß der Bediener seine Vorgabe deutlich verstärken, um den Roboter weiterzubewegen. Die aufwendiger zu realisierende Kraftrückführung dagegen übt über den Steuerknüppel eine spürbare Kraft auf die Hand des Bedieners aus. Beide Verfahren können Fügeoperationen erheblich erleichtern.

Um auch bei mobilen Bediengeräten zu gewährleisten, daß sich der Roboter immer in der Betätigungsrichtung des Bedienelements (z.B. der Auslenkung eines Steuerknüppels) bewegt, müssen die Bewegungsvorgaben um die Drehungen des Bediengerätes korrigiert werden. Dazu ist dessen Orientierung gegenüber dem Koordinatensystem des Roboters zu erfassen. Nach der Vorstellung verschiedener Verfahren zur berührungslosen Orientierungserfassung wird die Realisierung eines mobilen Roboter-Bediengerätes mit orientierungsneutralem Kraft-Momenten-Sensor zur Bewegungsführung beschrieben.

Bei mobilen, kraftbetätigten Bedienelementen muß der Programmierer eine Plattform halten, die als Richtungsreferenz dient und die Kräfte aufnimmt. Im Gegensatz dazu ist der Programmierzeiger, dessen Entwicklung und Realisierung beschrieben wird, frei im Raum beweglich und mit einer Hand zu bedienen. Mit diesem Gerät kann der Anwender die Bewegungen seiner Hand einfach und direkt in Bewegungen der Roboterhand umsetzen. Die Sensorik des Programmierzeigers mißt das Gravitations- und Magnetfeld der Erde und ermittelt daraus die räumliche Zeigerrichtung. Durch Betätigung einer Verfahrtaste wird der Roboter parallel zur Zeigerrichtung bewegt. Die Orientierung des Roboterwerkzeugs ist durch Schwenken des Programmierzeigers zu ändern. Bei einer Systemintegration in die Robotersteuerung läßt sich der Funktionsumfang des erfolgreich erprobten Programmierzeigers noch erweitern.

Der Programmierzeiger, der mit neuen Sensorentwicklungen kostengünstig herzustellen ist, kann die prozeßnahe Bewegunsführung erheblich vereinfachen und so zu einer effizienten Roboterprogrammierung beitragen. Neben der Roboterprogrammierung sind auch andere Einsatzmöglichkeiten (wie z.B. die fernbediente Bewegungsführung von Kränen) vorstellbar.

Die Vermessung von Bahnpunkten bei der prozeßnahen Bewegungsprogrammierung ist eine Aufgabe der räumlichen Kurzstreckennavigation. Daher bildet ein Ausblick auf zukünftige Entwicklungsmöglichkeiten der Bewegungsprogrammierung unter Einsatz elektronischer Ortungsverfahren den Schluß der Arbeit.

10. Literaturverzeichnis

/1/ Autorengruppe   Bausteine flexibler Fertigungssysteme
Vortrag zum Aachener Werkzeugmaschinen-
Kolloquium 1987, S.118-164
VDI-Verlag Düsseldorf, 1987

/2/ Warnecke, H.-J.
Schraft, R.D.   Industrieroboter Katalog
Vereinigte Fachverlage Mainz 1987

/3/ Eversheim, W.
Bette, B.   Industriorobotereinsatz in der Produktion
Die Betriebswirtschaft 4/86

/4/ Zühlke, D.   Offline-Programmierung numerisch
gesteuerter Handhabungsgeräte
Dissertation RWTH Aachen
VDI Verlag Düsseldorf, 1983

/5/ Hessel, B.   Roboter auf schiefer Bahn
Roboter Nr.2, 1986

/6/ N.N.   VDI 2860 : Handhabungsfunktionen, Hand-
habungseinrichtungen, Begriffe, Definitionen,
Symbole
Beuth Verlag Berlin, Köln 1982

/7/ Bögelsack, G.
Kallenbach, E.
Linnemann, G.   Roboter in der Gerätetechnik
Dr. Alfred Hüthig Verlag, Heidelberg 1985

/8/ Niehaus, T.   Rechnergestützte Anwendungsprogramm-
entwicklung für Industrieroboter und flexible
Automatisierungsgeräte
Dissertation RWTH Aachen
VDI-Verlag Düsseldorf, 1987

/9/ Blume, C.
Dillmann, R.   Frei programmierbare Manipulatoren
Vogel-Verlag Würzburg 1981

/10/ Weck, M.   Robotersteuerungen
in: Werkzeugmaschinen Band 3
VDI-Verlag Düsseldorf 1989

/11/ Blume, C.
Jakob, W.

Programmiersprachen für Industrieroboter
Vogel-Verlag Würzburg 1983

/12/ Schönbohm, H.

Teileerkennung mit taktilen Sensoren
Ein Beitrag zur Automatisierung
von Produktionsanlagen
Dissertation RWTH Aachen 1987

/13/ Weck, M.
Niehaus, T.
Osterwinter, M.

Grafisch interaktives Programmier- und
Testsystem für Industrieroboter,
Industrierobotersysteme (1986) Nr.3

/14/ Lozano-Pérez, T.
Jones; Mazer;
O'Donnel; Grimson;
Tournassoud;
Lanusse

Handey: A Robot System that Recognizes,
Plans, and Manipulates
IEEE Int. Conf. on Robotics and Automation
Raleigh, NC
1987

/15/ Weck, M.
Weeks, J.

A Task Level Robot Programming
System for Automated Fixturing
IFAC Symposium on Robot Control '88
Karlsruhe, 1988

/16/ Blume, C.
Jakob, W.

Was leisten Programmiersprachen
für Industrieroboter?
Elektronik 6/1982, S. 65-70

/17/ Weck, M.
Zühlke, D.
Niehaus, T.

Weiterentwicklung des Roboter Offline-
Programmiersystems ROBEX und
Einführung in die Praxis
KfK-PFT 98, Mai 1985

/18/ N.N.

VDI 2863, Blatt 1, IRDATA - Allgemeiner
Aufbau, Satztypen und Übertragung
VDI-Verlag Düsseldorf 1987

/19/ Dillmann, R.
Epple, W.K.
Hörmann, K.A.
Raczkowsky, J.

Spracherkennung und -synthese
bei Robotern
Elektronik 10/1985
S. 169-175

/20/ Bejczy, A.K.
Salisbury Jr., J.K.

Controlling Remote Manipulators
Through Kinesthetic Coupling
Computers in Mechanical Engineering
7/1983 S.48-60

/21/ N.N.　　　　　　　　　DIN LN 9300

/22/ Fürbaß, J.P.　　　　　　Flexibles Gußputzen mit sensorgeführten
　　　　　　　　　　　　　　Werkzeugmaschinen
　　　　　　　　　　　　　　Dissertation RWTH Aachen
　　　　　　　　　　　　　　VDI-Verlag Düsseldorf, 1987

/23/ Schmieder, L.　　　　　Kraft-Momenten-Fühler
　　　　　　　　　　　　　　Fertigung 6/1978, S. 160-164
　　　　　　　　　　　　　　Verlag Technische Rundschau, Bern

/24/ Schmieder, L.　　　　　Kraft-Drehmoment-Fühler
　　　Vilgertshofer, A.　　　Patent G 01 L 1/22, angemeldet 6.6.1979

/25/ Hirzinger, G.　　　　　Multisensory Robots and
　　　Dietrich, J.　　　　　　Sensorbased Path Generation
　　　　　　　　　　　　　　IEEE Int. Conf. on Robotics and Automation
　　　　　　　　　　　　　　San Francisco, 1986

/26/ Heindl, J.　　　　　　　Kraft-Momenten-Sensorgriff und Verfahren
　　　Hirzinger, G.　　　　　zum kombinierten Programmieren von
　　　　　　　　　　　　　　Roboterbewegungen und Bearbeitungs-
　　　　　　　　　　　　　　kräften bzw. -momenten
　　　　　　　　　　　　　　Patent P3240251.1

/27/ Whitney, D.E.　　　　　What is the Remote Center Compliance
　　　Nevins, J.L.　　　　　　and what can it do?
　　　　　　　　　　　　　　Robot Sensors Vol 2
　　　　　　　　　　　　　　IFS (Publ.) Ltd, Kempston, Bedford 1986

/28/ Gruhler, G.　　　　　　Sensorgeführte Programmierung
　　　　　　　　　　　　　　bahngesteuerter Industrieroboter
　　　　　　　　　　　　　　Dissertation Universität Stuttgart
　　　　　　　　　　　　　　Springer-Verlag, Berlin, Heidelberg 1987

/29/ Hirzinger, G.　　　　　Adaptiv sensorgeführte Roboter mit
　　　　　　　　　　　　　　besonderer Berücksichtigung der
　　　　　　　　　　　　　　Kraft-Momenten Rückkopplung
　　　　　　　　　　　　　　Robotersysteme 1/1985, S. 161-171

/30/ Savet, P.H.　　　　　　Gyroscopes, Theory and Design
　　　　　　　　　　　　　　McGraw-Hill,
　　　　　　　　　　　　　　New York, Toronto, London 1961

/31/ Freiesleben, H.C.   Navigation
Matthiesen Verlag Lübeck, Hamburg 1957

/32/ Ezekiel, S.
Arditty, H.
Fiber-Optic Rotation Sensors
Springer-Verlag Berlin, Heidelberg 1982

/33/ Luz, H.   Magnetfeldmessung mit
Förstersonden und Hallgeneratoren
Elektronik 8/1968, S. 247-250

/34/ Förster, F.   Ein Verfahren zur Messung von
magnetischen Gleichfeldern und Gleichfeld-
differenzen und seine Anwendung in der
Metallforschung und Technik
Zeitschrift Metallkunde 5/1955, S. 358-370

/35/ Wolff, I.   Grundlagen und Anwendungen der
Maxwellschen Theorie II
Bibliographisches Institut, Mannheim 1970

/36/ Philippow, E.   Grundlagen der Elektrotechnik
Kapitel 3: Das magnetische Feld
Hüthig-Verlag, Heidelberg 1989

/37/ Meinke, H.
Gundlach, F.W.
Taschenbuch der Hochfrequenztechnik
Springer-Verlag, Berlin, Heidelberg 1986

/38/ Tietze, U.
Schenk, Ch.
Halbleiterschaltungstechnik
Springer-Verlag, Berlin, Heidelberg 1980

/39/ Kaden, H.   Wirbelströme und Schirmung
in der Nachrichtentechnik
Springer-Verlag, Berlin, Heidelberg 1959

/40/ N.N.   Richtlinie für die technische Prüfung von
Induktionsfunkanlagen auf Industriegelände
FTZ 446 R 2026, Deutsche Bundespost 1974

/41/ Unger, H.-G.   Hochfrequenztechnik in Funk und Radar
Teubner-Verlag, Stuttgart 1984

/42/ N.N.   Sinumerik System 8, Rechnerkopplung,
Projektierungsanleitung, Ausgabe 07.88
Siemens, Erlangen 1988

/43/ N.N.					DIN 66019 Informationsverarbeitung
						Steuerungsverfahren mit dem 7-bit-Code
						bei Datenübertragung
						Beuth Verlag Berlin, Köln 1976

/44/ Weck, M.				Prozeßnahe Roboterprogrammierung unter
     Mehles, H.				Einsatz eines inertialen Meßsystems
     Weiß, F.				Robotersysteme 4/1988, S. 245-250

/45/ N.N.					LVDT-Signal-Conditioner NE/SE5521
						Produktbeschreibung der Firma Signetics
						Valvo, Hamburg 1985

/46/ Haberland, R.			Kapazitive Beschleunigungs-Sensoren in
						Sandwich Technik, Sensor 85, Karlsruhe
						FWT, Universität Kaiserslautern

/47/ Rudolf, F.				Silicon Microaccelerometer
     Jornod, A.				Transducers '87, S. 395-398
     Bencze, P				CSEM, Neuchatel/Schweiz

/48/ Gevatter, H.-J.			Kennlinie eines Beschleunigungssensors
     Grethen, H.			mit elektrostatischer Kraftkompensation
						Technisches Messen 56 (1989) H.2 S. 93-98

/49/ Golker, W.				Magnetfeldsonde als Orientierungshilfe
						Siemens Components 24 (1986) H.1 S.16-18

/50/ Petersen, A.			Anwendungen der
     Koch, J.				Magnetfeldsensoren KMZ 10
						Valvo Technische Information 861105

/51/ Williams, T.			Input technologies extend the
						scope of user involvement
						Computer Design/March 1, 1988 S. 50

/52/ Ishii, M.				A 3-D Sensor System for Teaching
     Sakane, S.				Robot Paths and Environments
     Kakikura, M.			The International Journal of Robotics Research
     Mikami, Y.				Vol. 6, No. 2, 1987, MIT

/53/ Weck, M.				Interferometrische Wegmeßsysteme
						in: Werkzeugmaschinen Band 3
						VDI-Verlag Düsseldorf 1989

/54/ Hof, A. — Theorie und Realisierung eines Abbe-Fehler-freien selbstkalibrierenden räumlichen Wegmeßsystems
Dissertation RWTH Aachen 1987

/55/ Bolsakov, V.D.
Deumlich, F.
Golubev, A.N.
Vasilev, V.P. — Elektronische Streckenmessung
VEB Verlag für Bauwesen
Berlin 1985

/56/ Föhr, R.
Schneider, K.
Ameling, W. — Ein 3-D-Positionssensor auf Ultraschallbasis
Sensoren-Technologie und Anwendung
Bad Nauheim 1988, VDI-Berichte Nr. 677

/57/ Farkas-Jandl, T. — Einführung in die Inertialvermessung
H. Wichmann Verlag, Karlsruhe 1986

/58/ Kuritsky, M.M.
Goldstein, M.S. — Inertial Navigation
Proc. IEEE, Vol. 71, No. 10, October 1983

/59/ Weiß, F. — Prozeßnahe Roboterprogrammierung unter Einsatz eines inertialen Meßsystems
Dissertation RWTH Aachen 1989

Stichwortverzeichnis

Ablaufprogrammierung 13, 18
Absolut Orientieren 91
Achse 4
Achsinterpolation 11
amorphes Metall 95
Analog/Digital-Umsetzer 62, 67
Antennenspule 61
Arbeitspunkt 6
Arbeitsraum 4
Autoraster 70, 74, 87
-, in Werkzeugkoordinaten 92
-, in Roboterkoordinaten 93
AVR 62
Azimut 75
Bahnpunkt 12, 14 ff.
Bahnkurven 11
Bahnkorrektur 13, 69, 82
Bahnsteuerung 11
Basiskoordinaten 8
Bedienelement, manuelles 21 ff.
-, am Roboterwerkzeug 38
-, Bauarten 26 ff.
-, kraftbetätigtes 22
-, mit Kraftgegenkopplung 31 ff.
-, mit Kraftrückführung 35 ff.
-, wegbetätigtes 22, 72
Bedienkraft 32, 35
Berührsensor, kapazitiver 68
Beschleunigungsaufnehmer 77 ff.
-, dynamisches Verhalten 77
-, kraftkompensierter 94
-, Meßfehler 78
-, in Silizium-Technologie 93 ff.
Bewegungsführung 15 ff., 21, 24
-, mit Kraftvorgabe 31 ff.
Bewegungsparameter 15
Bewegungsprogrammierung 13, 21 ff.
Bewegungssteuerung 11
Biot-Savartsche Formel 55
Datenübertragung 69, 71, 82, 89
Deklinationswinkel 43
Deviation 44
Digitalisiertablett 26
Distanzmessung 101 ff.
Drift 40, 67
Einsatzerfahrungen 70, 88
Erdmagnetfeld 42 ff.
Erdschwerefeld 43
Ergonomie 19
Feldverzerrungen 52, 58, 63
Feldlinienbilder 56 ff.

Feldverdrängung 63
Ferritantenne 61, 66
Förstersonde 46, 48 ff.
Freiheitsgrad 4
Fügeoperation 34
Gegenkopplung, Kraft- 31 ff. 91
Genauigkeitsanforderungen 24 ff.
Geschwindigkeitsvorgabe 24
gieren, Gierachse 21, 26
Gravitation 43
-, Messung 75 ff.
Gravitationsvektor 45, 82
Hallsonde 46 ff.
Handachse 6
Helmholtz-Spulenpaar 55
Horizontalwinkel 45, 83
induktive Verfahren 54 ff.
Inertialnavigation 103
Inklinationswinkel 42
Inklinometer, 3-D- 75
Joystick 26
Kinematik 4
kinematisches Modell 15
Koordinaten
-, Basis- 8
-, Bedienfeld- 38
-, Programmierzeiger 76
-, Roboter- 8, 93
- -transformation 8, 39, 82
-, Werkzeug- 8, 92
Koordinatensysteme 5, 8
Kraft-Momenten-Sensor 27 ff. 67
Kraftvorgabe 24, 31 ff.
Kraftgegenkopplung 31 ff. 91
Kraftrückführung 35 ff.
Kreisel 40 ff.
-, Faser- 41
-, gefesselter 41
-, nordsuchender 40
-, richtungshaltender 40
-, Schockbelastung 64
Kreuzrahmenantenne 54, 58 ff.
-, Miniatur- 66
kritische Achsstellungen 10, 89
Lackierroboter 15
Laserinterferometer 101
Lehrkoordinatensystem 15
Leiterschleifen 54, 56 ff. 65
Lichtgeschwindigkeit 102
LSV2-Protokoll 69, 82
LVDT 77

Magnetkompaß 43
Magnetometer 50, 79
-, Meßfehler, Kompensation 79
-, neue Bauformen 95 ff.
-, Schaltung 80
magnetoresistiver Sensor 46 ff. 96
Master-Slave-Programmierung 15
Maus 26
Mehrdeutigkeit 9
menschliche Hand 21
Mißweisung 43
mobile Bediengeräte 38 ff.
-, Realisierung 65 ff.
Nachgiebigkeit 33
Navigation 98 ff.
Nebenachse 6
nicken, Nickachse 21, 26
Nordrichtung 43 ff. 83
Nullabgleich, automatischer 67
Orientiermodus 74, 84
Orientierung 4 ff.
Orientierungserfassung 39 ff.
-, induktive Verfahren 54 ff.
orientierungsneutral 39, 64
Ortungsverfahren, elektronische 100
Permeabilität 48, 52, 95
Plattform 41, 72
- -orientierung 44
- -System 104
Positioniermodus 74, 84
Positionierung 4
Positionsbestimmung 98
-, akustische 103
-, d. Distanzmessungen 100
-, magnetische 98
-, optische 99, 101
Programmierung 13 ff.
-, explizite 17
-, hybride 18
-, implizite 17
-, Master-Slave- 15
-, Playback- 14
-, prozeßferne 14, 17 ff.
-, prozeßnahe 14 ff.
-, Teach-In- 14 ff.
Programmierverfahren 13 ff.
Programmierzeiger 72 ff.
-, Algorithmen 81
-, Aufbau 76
-, Bedienung 73
-, Koordinatensystem 76
progressive Charakteristik 71, 90
Punkt-zu-Punkt-Steuerung 11
Quantisierung 87

RCC 34
RCM 68, 89
Referenzpunkt 100
Referenzrichtung 39 ff. 53, 82 ff.
Referenztaste 75, 82
referieren 40, 75, 83
Remote Center Compliance 34
Richtungsfahrtasten 15
Ringkernsonde 50
Roboterkoordinaten 8, 93
Roboterkraft 31 ff. 35
Robotersteuerung 7 ff. 68, 89
Rotationsachse 4
Portalroboter 5
rollen, Rollachse 21, 26
Rückwärtstransformation 9
Sättigung, magnetische 49, 80, 96
SCARA 5
Schallgeschwindigkeit 103
Sensoreingriff 12
Sensorkugel 28 ff. 67
Sensorplattform 44
selbstneutralisierend 22
Sicherheitsschalter 75, 76
Steuerknüppel 16, 21, 26 ff. 37
-, 3-D- 26
-, mit Kraftrückführung 37
Störeinflüsse, magnetische 51 ff. 63 ff.
-, Überwachung 91
Strahlungswiderstand 66
strap-down-System 104
Streufelder, magnetische 51
Synchrongleichrichter 50, 61
Synchronsignal 61
taktile Sensorik 31
TCP 6
Teach-In-Programmierung 14 ff.
Tool Center Point 6
Translationsachse 4
Ultraschall 103
Umkehrtaste 73
Verfahrgeschwindigkeit 73, 84
Verfahrrichtung 73, 84
Verstärkungsregelung 62
Vorzugsrichtung 74
Wechselfeld, magnetisches 54 ff.
Wegvorgabe 22
Werkzeugkoordinaten 8, 92
Wirbelströme 63
Zeigerkoordinaten 76
Zentralhand 6, 10
Zuordnungsmatrix 28
Zustimmungstaste 72, 75